【図解】

星と銀河と宇宙のすべて

最新の宇宙、未解決の謎

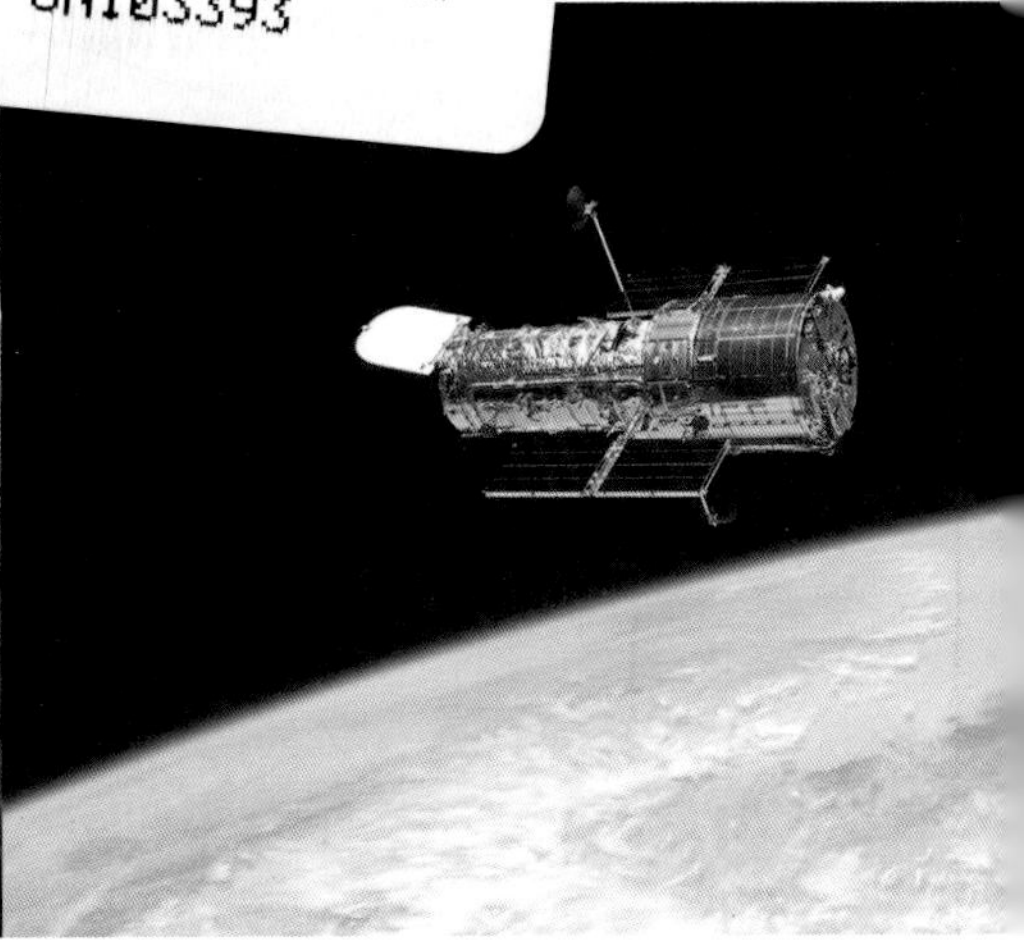

2021年のクリスマスに打ち上げられた次世代の宇宙望遠鏡ジェームズ・ウェブ。地球から150万㎞の宇宙空間（ラグランジュ点：L2）にとどまり、赤外線によって地上の人間を仰天させるような宇宙の姿をとらえると期待されている。

30年以上にわたって地上550㎞の地球周回軌道を飛行しながら、地上の巨大望遠鏡が観測できなかった宇宙の驚くべき姿をとらえ続けたハッブル宇宙望遠鏡。この望遠鏡の活躍によって人間の宇宙観は大きく広がった。

写真／（左）NASA/Chris Gunn（右）NASA

矢沢サイエンスオフィス・編著

ONE PUBLISHING

目次

第3章 21世紀の最新宇宙

はじめに
宇宙とは宇宙望遠鏡のこととみつけたり

本書の原稿を書いている最中の去年12月25日、この本にとってあまりにもタイミングのよい重大事がありました。といっても突発的な事件ではなくＮＡＳＡの長期的スケジュールに沿ってですが。というのは、21世紀前半の天文学の圧倒的な先導者となるであろうＮＡＳＡの「ジェームズ・ウェブ宇宙望遠鏡」（総とびら写真）が打ち上げられたのです。

この望遠鏡が今後20年以上にわたって占めるであろう宇宙空間の位置は、宇宙といっても多数の人工衛星や宇宙ステーションが飛行している地球周回軌道ではありません。それは地球から１５０万㎞離れた「ラグランジュ点」です。この距離は地球－月間の距離（38万㎞）の実に4倍です。なぜこんな隔絶した宇宙空間に望遠鏡を送り込むのでしょうか？

ラグランジュ点とは、18世紀末にフランスの数学者ジョゼフ＝ルイ・ラグランジュが（「3体問題」を解いて）発見した宇宙空間の特異な場所で、５カ所あります（Ｌ１～Ｌ５）。これらの場所では3体、つまり太陽と月と地球の重力が完全に均衡するので、そこに入り込んだ物体は何もせずともずっとそこに留まることができます。

ジェームズ・ウェブ望遠鏡はこの中のL2に〝居〟を定め——といっても1周何十万キロもの円を描き続けるのですが——、読者が本書を手にするころには、太陽や地球や月の光に影響されない場所、つまり地球の太陽と反対側の空間で、活動開始の準備をしているはずです。ここでくわしく触れる余地はありませんが、今後誰も知らないとほうもない宇宙の素顔をわれわれに届けてくるに違いありません。

望遠鏡を宇宙におくことの際立った有利性は、すでに「ハッブル宇宙望遠鏡」がこれでもかというほど立証してきました。ハッブルは１９９０年に地上約５５０㎞の地球周回軌道に打ち上げられ、現在まで実に30年あまり、われわれにあまりにも美しく、あるいは仰天すべき宇宙の映像を送り続けました。21世紀に入って読者が目にした驚異的な宇宙の映像の大半はハッブルが撮影したものです。

筆者はハッブル宇宙望遠鏡が打ち上げられる少し前の1988年、この望遠鏡の設計と管理を行ったNASAのゴダード宇宙飛行センターを訪れました。技術部門の責任者が筆者を誰もいない会議室に招き、ハッブルが（10年にわたって）どれほど困難な問題に直面してきたかを語ってくれました。最大の困難——それは、この望遠鏡をスペースシャトルで打ち上げるためのテスト段階で、シャトルの巨大なロケットの振動によって望遠鏡の内面の塗膜が剥がれ落ちることだったというのでした。彼はそれを語るとき涙まで浮かべました。よほど困難な障害だったと思います。以来、ハッブル宇宙望遠鏡は筆者にとって親しみとともに、いっそう特別の存在となったのです。

ハッブルは結局、計画寿命の15年をはるかに超え、これまで30年以上も働き続けました。途中、スペースシャトルの宇宙飛行士が何度も船外活動で大規模な修理も行いました。開発と維持管理のために邦貨にして2兆円を要したとはいえ、コストをはるかに超える知的恩恵を人類にもたらしたと思います。

今年2022年からは、ハッブルの後継となるジェームズ・ウェブに期待することになります。ハッブルはおもに広い可視光の領域ではるか何億光年も離れた活動銀河やブラックホール、それに太陽系外の惑星などを、何千枚もの鮮明な映像として届けてくれました。本書で使用している写真の大半がハッブルの撮影によるものです。

一方ジェームズ・ウェブはおもに赤外線領域で観測します。そのためには望遠鏡の観測装置を絶対0度に近い極低温に保つ必要があり、太陽や月、地球からのどんなに微弱な光や熱も侵入しない構造にしなくてはなりません。こうした設計上の要求のため、あのような奇天烈な恰好をしているのです。

ラグランジュ点ではすでに何機もの超高性能の宇宙望遠鏡が特殊な目的の観測を行っています。しかしジェームズ・ウェブ望遠鏡は、人間社会の誰もが理解し、おそらくはびっくりするような映像を次々と送ってくれるはずです。これらの宇宙望遠鏡によって天文学の世界はまたも新しい次元へと飛躍することになります。そこでこの前書きに「宇宙とは宇宙望遠鏡のこととみつけたり」という見出しをつけたのです。

こう書いた後で矛盾するような一言を付け加えねばなりません。それは、宇宙望遠鏡こそが人間に宇宙の真理と真相を届ける切り札だとまで言うのは誤りだということです。筆者がもっとも好感を持ち続けた科学者のひとり、イギリスの物理学者・天文学者フレッド・ホイル——ビッグバン理論の偶然の命名者でありながら、「仮説ばかりの上につくられたこの理論は好きではない」と言って生涯ビッグバンを認めなかったことでも有名でした——は晩年のあるインタビューでこう述べていました。

「高額な望遠鏡は政府予算で、つまり国民の税金でつくられる。しかしそのようにしてつくられた望遠鏡はそのときの主流の研究者がおもに使用し、彼らと意見の異なる研究者には観測時間がまわってこない。科学の疑問は人間が発するのであり、観測装置はそれを確認するためのものだ」

ホイルは、巨額の税金が投入される観測機器以前に、人間が問いを発することこそが科学だと言ったのです。

ちなみに、世界の数十人の高名な科学者に接触し、インタビューや原稿依頼を行ってきた筆者の要請を断った人がただ2人います。ひとりはコロンビア大学の天文学者ロバート・ジャストロー教授、いまひとりがこのフレッド・ホイルです。ジャストローは学生が待っているので講義スケジュールをキャンセルできないという丁重な返事をくれ、ホイルは、要望を受けたいが体調が悪いと言ってきました。その後まもなくの２００１年にホイルは死去し、ジャストローも２００８年に亡くなりました。2人ともつねに大きなアイディアや宇宙観、未来観を提案して社会に知的な刺激を与え続けましたが、同時にその人柄は謙虚で誠実な真の科学者だったと思います。

宇宙望遠鏡に天文学の最上の価値をおくか、あるいは人間の発する疑問こそが科学的探索の根本か——困りました。宇宙望遠鏡は好きだしフレッド・ホイルを敬愛し続けたし。では50対50の引き分けということでどうでしょうか。

２０２２年春　矢沢　潔

追伸・本書の発行所の担当者早川聡子氏から読者への希望があります。あまり宇宙にくわしくない人はまず54ページの「星、惑星、衛星はどう違うか？」を最初に読んでいただきたいということです。それによって他の記事が理解しやすくなるという意見です。

第1章 星と銀河の天文学

Stars and Galaxies

1 ブラックホールの内部はどうなっているか？

物理学者も解けないパラドックスだらけ

ブラックホールに突入できないわけ

「ブラックホール」という言葉や名前は誰もが知っている。だがこの天体を直接観測した天文学者はどこにもおらず、天体望遠鏡も存在しない。外の宇宙から見えないのだから、ましてその内部を見ることができるはずがない。

いったいどうすれば、宇宙でもっとも有名なこの天体の表面や内部を探ることができるのか？　たとえば探査機をブラックホールに突入させたらどうか？　それは無意味である。ブラックホールの重力はとほうもなく強大であるため、探査機はこの天体に引き寄せられるが、ブラックホールに突入ないし落下する前にゴムのように引き伸ばされ、引き裂かれ、粉々に破壊されることになる。これでは観測以前の問題である。

たとえ探査機が首尾よくブラックホールに飛び込めても、その様子を人間が知ることはできない。機体はブラックホールから二度と脱出できず、電波で観測データを送信しようにも巨大な重力によってその進路をへし曲げられ、ブラックホールの内側に戻ってしまう。

そのような理由から、ブラックホール内部を直接知る手段は、実際的にも理論的にも存在しない。残されている可能性は、ブラックホールの外（周囲）で起こる現象を外宇宙から観測し、そこから内部を推測するか、ないしは内部を理論や仮説から推量するくらいだ。

〝重力の地平線〟の中と外

ブラックホールはもともと**一般相対性理論**から導き出された仮想的天体であった。1915年に**アインシュタイン**が発表したこの理論は、時空（時間と空間）の概念を大きく変え

ブラックホールの内部

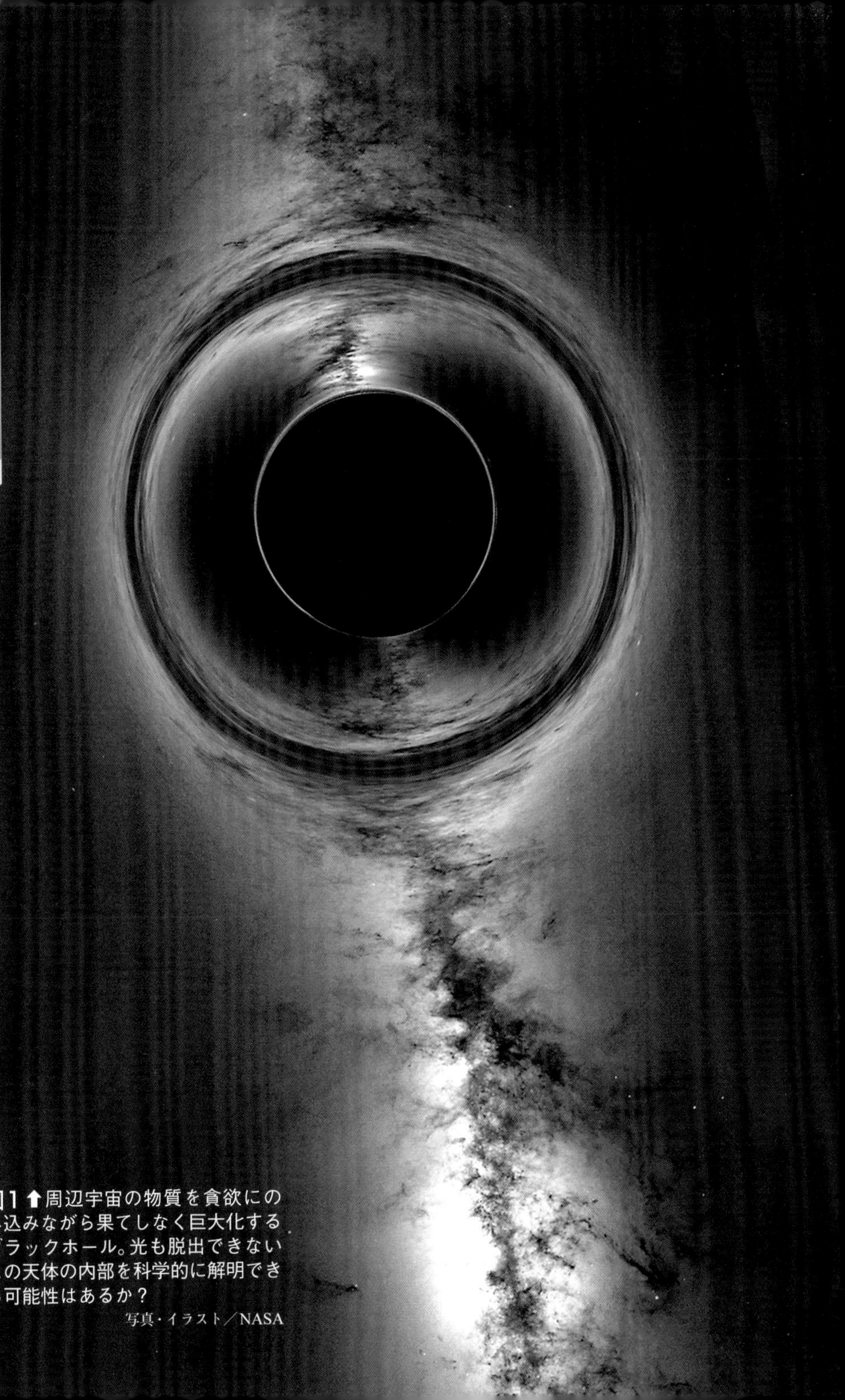

図1 ⬆周辺宇宙の物質を貪欲にのみ込みながら果てしなく巨大化するブラックホール。光も脱出できないこの天体の内部を科学的に解明できる可能性はあるか？
写真・イラスト／NASA

た。時空はかつて考えられたような未来永劫変わらない存在ではなくなった。「**時空は物質と相互作用する**」というのである。物体が存在すればそのまわりの空間は変形し時間は引き延ばされる。このように物質の質量によって曲がる時空を物理学者は〝重力の井戸〟と呼んだ。質量が大きく密度が高いほど重力の井戸は深い。

ではもし、天体の質量に大きさがなく、全体が1点に集中したとしたらどうか? こう考えたのはドイツの物理学者**カール・シュヴァルツシルト**（**図2左**）である。この場合、天体が発した光はすべて天体に戻ってくる――彼はこう結論した。光がその1点からやや離れたところから放出されても結論は同じだ。

結局、光がそのような天体の重力圏から逃げ出すには光速を超えるしかない。だが何ものであれ光速を超えることはできないので、この仮定も成り立たない。

こうして、光が重力圏の外へ出ることが不可能なら、その重力圏の内側で起こるどんな出来事も外からはまったく見えないことになる。そこで、この重力圏の境界は後に「**事象の地平**」と呼ばれることになった。このきわめて特異な時空間こそが、いまでいうブラックホールである。

この研究を行ったとき、シュヴァルツシルトはロシアで軍務についていたが、まもなく難病を発し、1916年5月に42歳の若さでこの世を去った。彼の功績を称え、事象の地平を表面とするブラックホールの半径は「**シュヴァルツシルト半径**」（**図2右**）と呼ばれている。だがシュヴァルツシルト自身も、この奇妙な時空が宇宙に実在するとは思いもしなかった。事象の地平の内部にあるのは〝質量が1点に集中した天体〟であり、そんな仮想的天体は存在しそうにはないからだ。

だが、シュヴァルツシルトの死後半世紀以上がすぎた1970年代、ブラックホールとしか考えられない天体が実際に発見された。強いX線を放つ「**はくちょう座X－1**」である。この天体はブラックホールと青色巨星《せいしょくきょせい》の連星《れんせい》と示唆されたのだ。青色巨星はわずか数日で連星の相手を周回していた。とすればその天体はきわめて小さく、しかも青色巨星なみに重いは

注1／1974年、スティーブン・ホーキングはブラックホール研究者キップ・ソーンとはくちょう座X-1について賭けをした。ホーキングは自分のブラックホール研究が仮に無駄になるなら賭けに勝ちたいと考え、この天体がブラックホールではない方に賭けた。16年後、ホーキングは敗北を認め、ソーンのために雑誌「ペントハウス」1年分の購読契約を結んだ。

写真／AIP

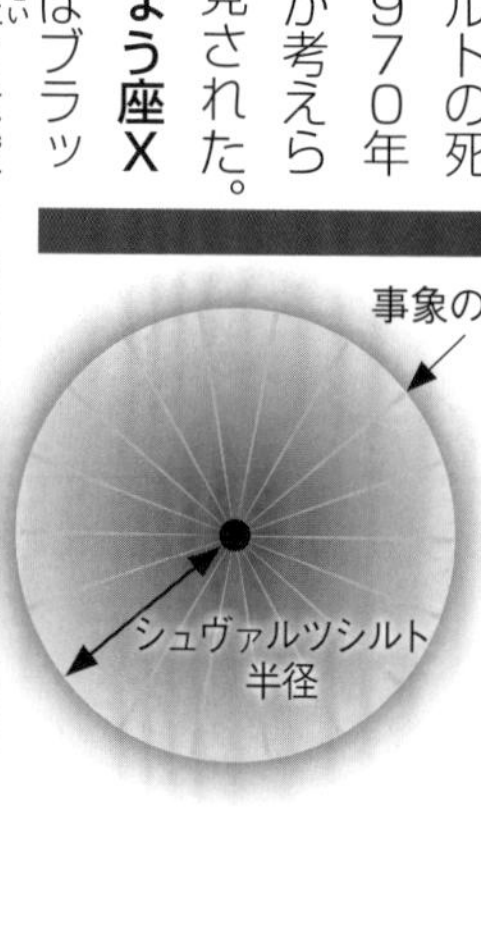

図2 ⬅シュヴァルツシルトは、一般相対性理論が“光を逃さない天体”を予言することに気づいた。

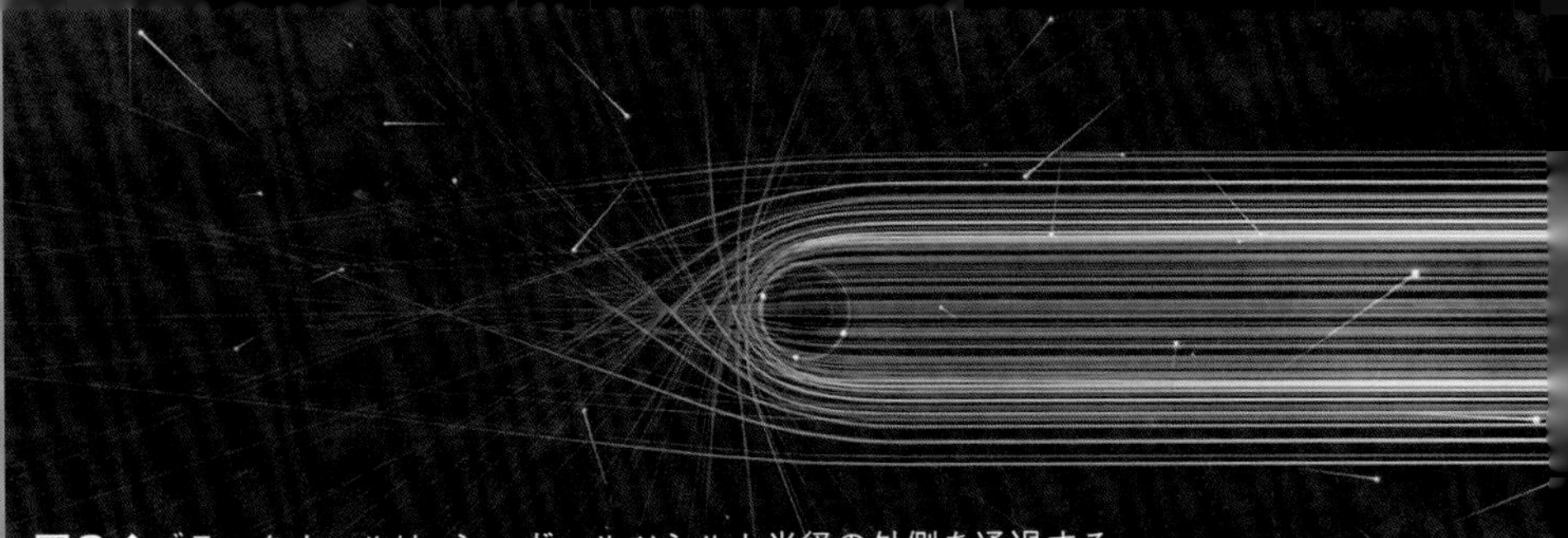

図3⬆ブラックホールは、シュヴァルツシルト半径の外側を通過する光の進行方向を大きくねじ曲げる。これは“ブラックホールの影”（15ページ図1）として観測される。　イラスト／Nicolle R. Fuller/NSF

ずである。そんな天体は、それまで仮想的天体とされていたブラックホールしかあり得ない――

ちなみに、この天体をめぐって〝車椅子の科学者〟スティーブン・ホーキングが賭けをしたのは有名な話だ（右ページ注1）。

「物質をともなわない重力」？

ブラックホールが実在するなら、その内部はどうなっているのか？　理論の予言では、ブラックホールは、太陽の10～20倍以上の質量をもつ巨大な星が「超新星爆発《ちょうしんせいばくはつ》」を起こした後に生まれるとされている（第1章3）。いいかえると、〝ブラックホールのもと〟は物質なので、その内部には物質が存在してもよいはずだ。だがそれは〝ふつうの物質〟ではあり得ない。

ブラックホールの大きさは質量によって決まる。たとえば太陽は半径が70万km、質量は2000兆トン×1兆倍だが、これと同じ重さのブラックホールの半径（シュヴァルツシルト半径）はわずか3km。これほど小さくては、分子や原子をどれほどぎっしりと詰め込んでも太陽の質量分は入りきらない。たとえ全物質を陽子や中性子に分解しても無理である。

では、もとの天体をつくっていた物質はブラックホール内でどうなるのか？　ブラックホールという名を世に知らしめたアメリカの物理学者**ジョン・ウィーラー**はこう表現した。「ブラックホールは物質をともなわない重力である。『不思議の国のアリス』のチェシャ猫が笑いだけを残して消え去った後のようなものだ。恒星《こうせい》（54ページ）が崩壊してブラックホールが生まれれば、恒星の姿形は消えてなくなるんだから」

相対性理論で行くか量子論にするか？

一般相対性理論によれば、ブラックホール内にはどんな物質も存在しない。そこにあるのは**天体の全質量が詰まった「特異点《とくいてん》」**のみであり（13ページ**図4**）、かつては誰もがあり得ないとみた存在である。特異点は体積がゼロなので、密度は無限大、時空の曲がり具合（曲率《きょくりつ》）も無限大になる。どれほど質量が大きくても、それこそ銀河系ほどの重さでも、ブラックホールではその全質量が1個の特異点に集中する。**特異点ではいっさいの物理法則は成り立たない**。そこはすべてが破綻する〝破局〟の場所である。

ちなみにほとんどのブラックホールはおそらく回転しているが、もしそうなら特異点はリング状になる（**図5**）。それでも体積はゼロである。

だが、莫大な質量をもちながら〝体積がない〟などということがあり得るのか？　これは従来の物理学者には受け入れがたい話である。しかも特異点に体積がないなら、本来はミクロの粒子を扱う物理学、すなわち「量子論」によって論じなければならない。ところがこの視点に立つと、こんどは特異点が揺らぎはじめる。量子論ではミクロの粒子の位置とエネルギーは同時に特定できない。そのためにこの理論では、特異点という確固たる存在はあり得ないことになる。

いったい何が正しいのか？　それを突き止めるため、各国の物理学者たちは相対性理論と量子論をひとつに統合する「量子重力理論」（**注2**）の構築を目指しているが、いまのところまったくの未完成である。

相対性理論と量子論の矛盾は特異点だけではない。一般相対性理論では、天体がブラックホールになればそれまでの情報はほぼすべて失われるはずである。天体をつくっていた物質は何か、どのくらいのエネルギーを放出していたか、どんな構造だったか――これらはすべて消え失せ、ブラックホールに残る性質は、質量と回転、それに電荷のみになる。するとブラックホールになった元の天体が太陽であれ地球であれ本質的な違いはないことになり、外から観測によって見分ける手段もなくなる。

そこで天体物理学者はこれを「**ブラックホールには毛がない（ブラックホールの無毛定理）**」と称している。実際には質量、回転、電荷という〝3本の毛〟は残っているのだが。

他方、量子論の見方に立つと、いま見たような情報の喪失はあり得ない。量子論では、物質のもつ〝情報〟は物質がどう変わろうと保たれるはずである（**注3**）。

では相対性理論と量子論のどち

注2／**量子重力理論**
重力を量子論的に記述する理論。すべての素粒子はひも（弦）の振動とみる「超ひも理論（超弦理論）」、時空は無限に分割できず最小の単位があるとする「ループ量子重力理論」が有力候補。

注3／ホーキングは情報に関するパラドックスをさらに指摘。量子論によれば、ブラックホールの境界付近で生成した粒子がこの天体から逃げる（蒸発）が、その際に情報を外部に持ち出せない。すると、最終的にブラックホールが蒸発して消滅するときに全情報が失われる。これは情報は必ず保持されるという量子論的見方と矛盾する。

注4／アメリカのサミア・マスアが超ひも理論（超弦理論）にもとづいて提出した理論。天体が重力崩壊を起こすと、ひも（弦）が詰まった〝ファズボール（毛玉）〟になるという。大きさはブラックホールに等しく、表面は複雑に泡だって見えるが、高次元ではなめらかな構造。

図4 ブラックホールの時空

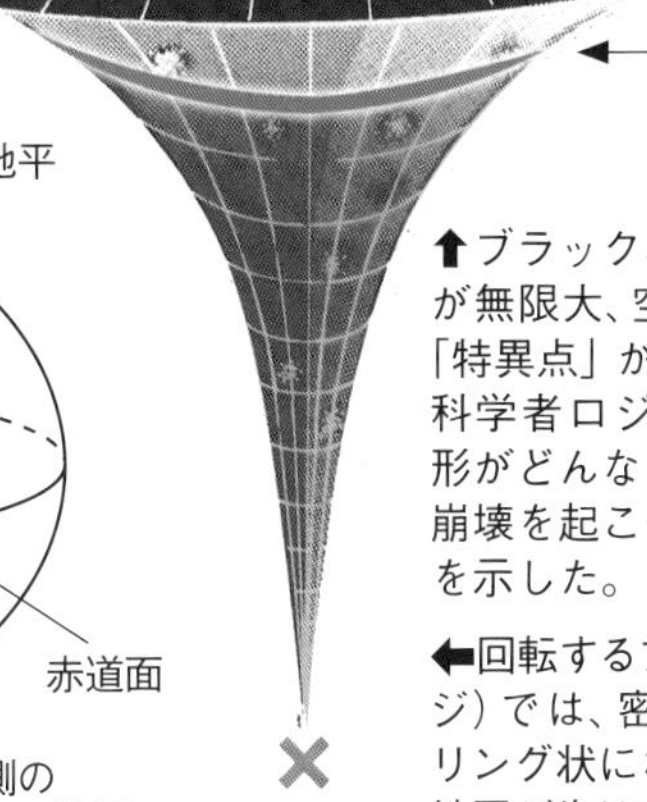

⬆ブラックホールの中心には密度が無限大、空間の曲率が無限大の「特異点」が存在する。イギリスの科学者ロジャー・ペンローズは、形がどんなにゆがんだ天体も重力崩壊を起こせば特異点になることを示した。

図5 リング状の特異点

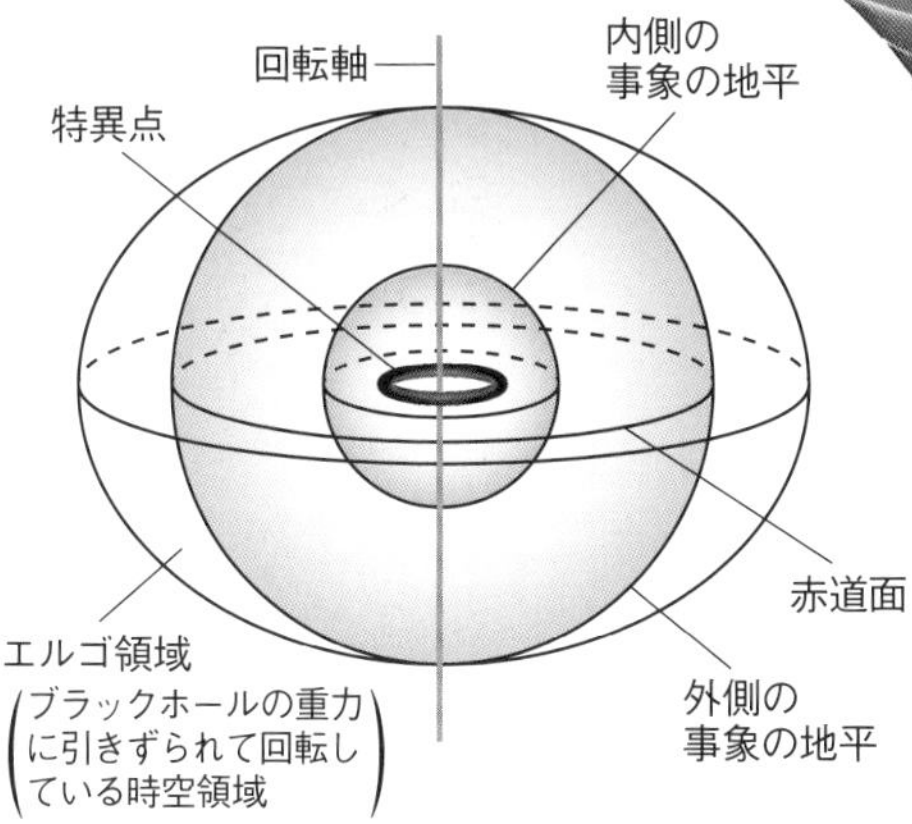

⬅回転するブラックホール（イメージ）では、密度無限大の特異点はリング状になり、また2つの事象の地平が生じている。

図／矢沢サイエンスオフィス

らが正しいのか？ 仮に量子論が正しいとして元の情報が保たれるというなら、ブラックホールの内部ではどんな形で情報が残り得るのか？

ブラックホールを否定する新理論？

こうした矛盾を乗り越えるため、天体物理学者たちは、ブラックホールの内部についてさまざまな仮説を提唱している。たとえばブラックホールの内部では時空が〝泡状〟になっている（**注4**）、ブラックホールの奥底にはワームホールがあって別の時空につながっている（次ページ**コラム**）、中心に微小な粒子状の〝プランクスター〟（**注5**）が存在するなどだ。どれも情報を保存するための四苦八苦の産物である。

他方、ブラックホールはこうした抽象的で数学的な存在ではなく、実在する物質からなる特殊な天体だとするまったく新しい見方も登場している。たとえば2004年にアメリカのパウ

注5／プランクスター イタリアのカルロ・ロヴェッリらがループ量子重力理論にもとづいて提唱。特異点のかわりにプランク長（1.6×10^{-35}m）にまで圧縮された微小天体プランクスターが存在するという。この天体は圧縮に反発して爆発するが、強い重力により時間が引き延ばされ、実際に爆発が観測されるのは数十億～数兆年後。

エル・メイザーとエミール・モットーラが提唱した〝**グラバスター**〟なる天体などだ。グラバスターの名は〝重力真空凝縮《ぎょうしゅく》星〟という意味の英語を圧縮した造語である。

　メイザーらは、天体は重力崩壊を起こしても特異点にはならないと主張する。天体をつくっていた物質はつぶれて原子構造も保てないものの、最終的には「**ボーズ＝アインシュタイン凝縮**」（33ページ**注2**）という特殊な量子論的状態に陥るという。これは多数の粒子が同期してまるでひとつの巨大粒子のようにふるまう現象で、地球上では絶対0度に近い極低温状態で実際に観測されている。グラバスターの外殻はブラックホールの事象の地平と同じ大きさ。つまりブラックホールと見えたのはじつはグラバスターだというのである。

　だがグラバスターなるものも相当に奇怪である。この天体は恒星のように、天体を押しつぶそうとする重力を核融合による内圧（熱膨張力）で押し返しているわけではない。この天体の内部には「**真空エネルギー**」が充満し、その「負の圧力」が重力による収縮圧力に対抗して天体を支えているというのだ。真空エネルギーとは宇宙論でよく聞くダークエネルギー（暗黒エネルギー）のことでもある（第3章7）。

　現実のブラックホールは21世紀前半のいまも事象の地平に厚く覆われたままであり、その内部については仮説だらけである。だがいま、イベントホライズン望遠鏡のほか、重力波や重力レンズの観測によって〝ブラックホールを見る試み〟が始まってもいる。こうした手法により、ブラックホールの内部についても手がかりが得られるかもしれない。●

ホワイトホールとワームホール

「宇宙船がブラックホールに飛び込み、一瞬後に別の時空にワープする」——これは昔ながらのＳＦ小説やアニメにしばしば登場するシーンである。ブラックホールの底に時空のトンネル「ワームホール」が開いており、すべてを吐き出す「ホワイトホール」から外部の宇宙に飛び出すというしくみだ。

　これは物理学的にあり得るのか？　ワームホールもホワイトホールも、アインシュタインの一般相対性理論から導かれる存在ではある。また理論的には回転するブラックホール内にワームホールが生成しうる。ある研究者は、ブラックホールの裏側に存在するホワイトホールは物質を吐き出しており、新たな宇宙を創造しているとまで主張している。

　とはいえワームホールは、粒子が１個通過しただけで崩壊するという。とすれば、ワームホールを利用するワープはいまのところ難しそうだ。

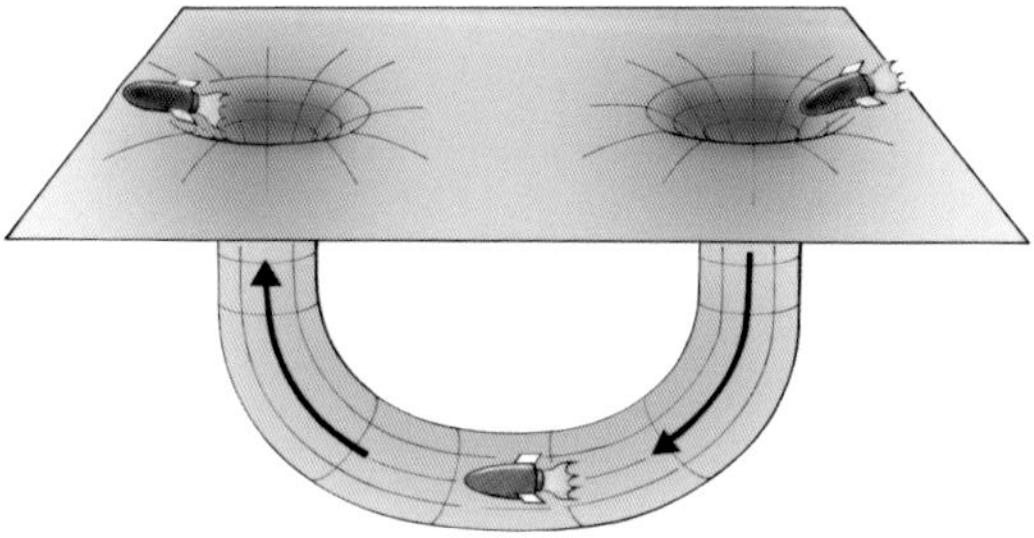

2 銀河中心の超巨大ブラックホール

〝超光速ジェット〟の発生源は？

銀河中心で何が起こっているか？

21世紀に入ってから、銀河についてまったく新しく、しかしすでに広く受け入れられた見方がある。それは、われわれの**銀河系の中心には超巨大なブラックホール**が居座っているというものだ。その方角はいて座A――以前から強力な電波発生源として知られていた領域である。

この問題の最初のきっかけは1970年代にさかのぼる。あるとき、宇宙で光速より速い現象が観測されたとする報告が行われた。超光速――現在の物理学ではあり得ないはずだ。天体物理学者や天文学者を動揺させたその現象の正体は、おとめ座にある**巨大な銀河M87**（**図1**）の中心から放たれる長大な「**宇宙ジェット**」であった。ジェットの速度は光速の6倍にも達するという。

天体物理学者たちは、それは観測ミスだろうとか、宇宙空間の性質の問題だとか、そもそも相対性理論が間違っているなどさまざまなコメントを口にした。

まもなくこれは〝見かけ上の超光速〟であったことが判明した。地球の方向に伸びるこのジェットの正体はプラズマ、つまり電気を帯びた粒子である。長大な宇宙ジェットの根元の粒子が放つ光は5500万光年の距離を旅して地球に到達する。他方ジェットの先端から放出された光は移動距離が短いため早く地球に届く。この現象がジェットを超光速と錯覚させたというのだ。

だが、超光速は誤りであったとしても、宇宙ジェットの速度は光速の99％にも達している。いったいどのようなエネルギー源がジェットをこれほどに加速するのか、研究者たちに

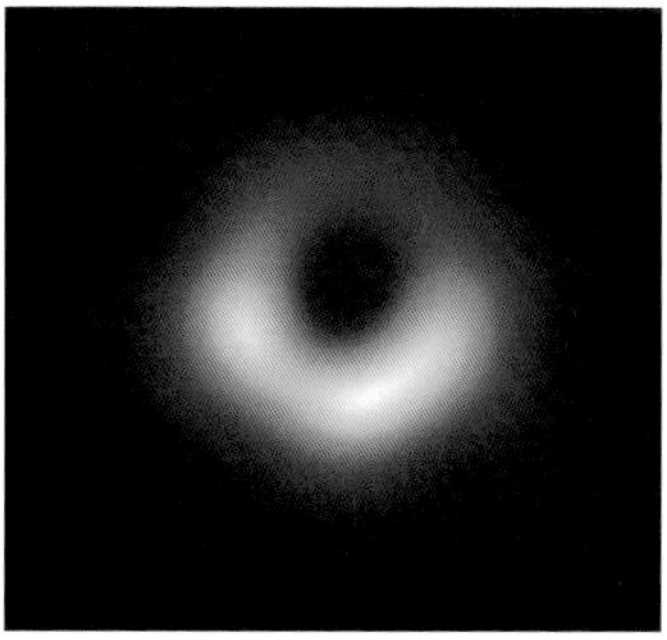

図1⬆イベントホライズン望遠鏡がとらえたM87の“ブラックホールの影”。近傍を通過した光がこの天体の重力で進路を変え、ドーナツ状に観測された。写真／EHT Collaboration

は見当がつかなかった。

M87銀河の宇宙ジェットは非常に有名だが、宇宙では例外的存在でもない。このような超巨大銀河はいくつも存在する。たとえば南半球から見える強力な電波源ケンタウルス座A（巨大銀河NGC5128。19ページ**図3**）も、中心部から両側に長大なジェットを噴出しており、その長さは合わせて数十万〜100万光年。この銀河自体のさしわたしが10万光年であることを考えると、その何倍も遠い宇宙空間まで伸びている宇宙ジェットには誰であれ驚く以外に言葉を知らない。

それだけではなく、中心からとほうもなく強力なジェットや電波、X線などを放出している銀河は数多く、しかもその姿はさまざまだ。たとえばとかげ座の方向で発見された天体（〝**ブレーザー**〟と命名されたが、後に銀河のジェットを正面から観測した姿と判明）は、めまぐるしく変化するX線と電波を放出していた。また後に「**クエーサー**」と呼ばれるようになる天体（第3章4）は、われわれから数十億〜100億光年もの遠方にあるにも関わらず、あたかも近くの恒星と見間違うほどの強い光を発していることがわかった。いまではクエーサーは中心部が強烈に輝く銀河であることが明らかになっている。

これらの巨大銀河には共通点がある。それは、どの銀河でも中心部にとほうもなく強大なエネルギー発生源が存在するということだ。そこでこれらのエネルギー源は以後「**活動銀河核**」と呼ばれることになった（もとの英語〝Active Galactic Nuclei〟を略して「**AGN**」とも呼ぶ）。そして、このような活動銀河核が中心に居座っている母体の銀河は「活動銀河」と呼ばれることになった。

だがここまではまだ、この記事の主役である「銀河中心ブラックホール」は視野に入ってこない。

ついに出現した「銀河中心ブラックホール」

活動銀河核が宇宙空間に向けて放出しているエネルギーは、1秒ごとに**太陽が放出しているエネルギーの1兆倍**とされている。つまりふつうの銀河10個分（遠方の銀河では1000個分ともそれ以上ともいう）のエネルギーを毎秒解き放っているというのだ。

これほどのエネルギーを放出している何ものかが観測されるとすると、そのエネルギー源は必然的にいくつかの特性をもつはずである。たとえばそれが銀河中心ブラックホールだとすれば、その質量およびその周囲を取り巻くガス円盤（降着円盤）の姿、地球から見たときのガス円盤の方角、途中の宇宙空間に介在するチリによる銀河核のぼやけ度合、ジェットがあるかないかなどだ。

天文学者たちがまず確認したのは、活動銀河核の重力がき

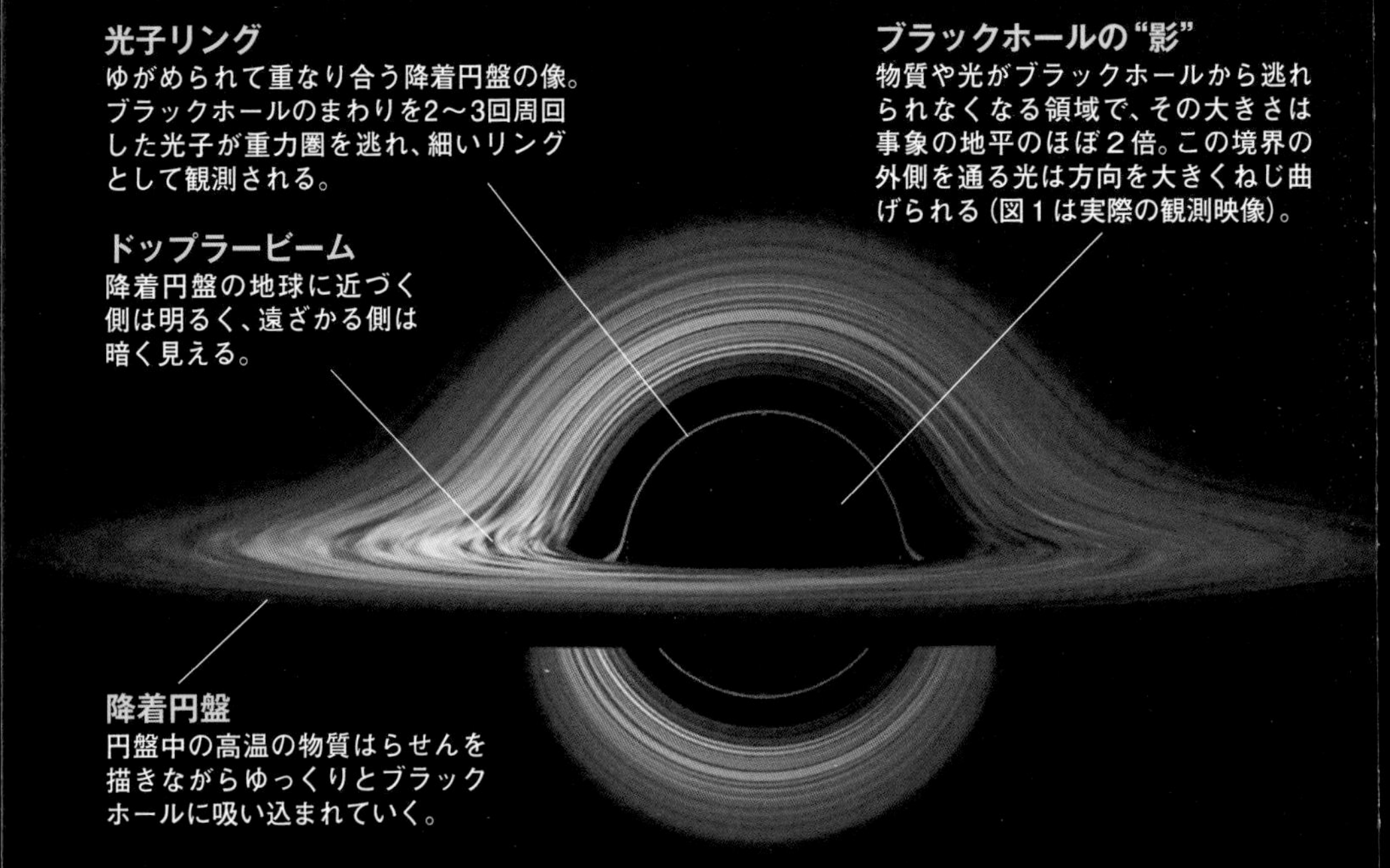
光子リング
ゆがめられて重なり合う降着円盤の像。ブラックホールのまわりを2～3回周回した光子が重力圏を逃れ、細いリングとして観測される。
ドップラービーム
降着円盤の地球に近づく側は明るく、遠ざかる側は暗く見える。
降着円盤
円盤中の高温の物質はらせんを描きながらゆっくりとブラックホールに吸い込まれていく。
ブラックホールの“影”
物質や光がブラックホールから逃れられなくなる領域で、その大きさは事象の地平のほぼ2倍。この境界の外側を通る光は方向を大きくねじ曲げられる（図1は実際の観測映像）。

●銀河系ジェット
水素のガス雲に衝突
推測されるジェット
ブラックホール
（いて座Aスター）
3.4パーセク（＝11光年）

図2 ⬅⬆銀河系中心のブラックホールもジェットを噴き出している（左）。2021年に発見されたこのジェットの全長は40光年以上に達し、周辺の濃密なガスを激しく熱して泡立たせている。上はブラックホールの重力によって曲げられた光のシミュレーション像。

CG（上）／NASA' s Goddard Space Flight Center/Jeremy Schnittman　写真（左）／NASA/STScI

青：チャンドラ衛星（X線）
黄：ハッブル望遠鏡（水素輝線）
緑：アルマ望遠鏡（ミリ波）
赤：VLA（電波）

わめて強く、そこに莫大な質量が集中していることであった。その質量は太陽の数千万倍~数百億倍でなくてはならない。これほどの質量が非常に狭い領域に存在するとすれば、その正体は超大質量ブラックホールとしか考えられない。光や電波さえも呑み込み、どれほど高性能の望遠鏡でも観測不能な**“ウルトラモンスター・ブラックホール”**が銀河中心に隠れていることになる。

だがこの予測には疑問が生じる。すべての物質を呑み込むブラックホールが、同時に莫大なエネルギーを放出しているとはどういうことか? いったんその中に落ち込んだが最後、物質も光も二度とそこから出られないのがブラックホールではないのか?

カギは**ブラックホールのまわりの降着円盤**にあった。ブラックホールのまわりには、周辺の宇宙から引き寄せられて集まったガス(おもに水素)やチリが集積する。しかしこれらの物質はそのままブラックホールに落下してはいかない。ブラックホールの重力はきわめて強大だが、チリやガス、砕けた岩石物質などが高速で運動していると、それらはまっすぐに落下せず、ブラックホールの外側を回り始める。

このとき、表面から近い物質には離れている物質に対するよりも大きな重力が働く。つまり近い側と遠い側との間に「潮汐力《ちょうせきりょく》」(72ページ注2)が生じる。その結果、そこに含まれるすべての物質が引き延ばされたりねじられたりしてばらばらに分解する。こうして、ガスやチリの一部はブラックホールに引き込まれるが、残りの大半は周辺をドーナツ状の軌道を通って周回し、巨大な降着円盤を形成する(**図2**)。

しかし降着円盤の中の物質粒子も安定を保つことはできない。つねに潮汐力が働いているため円盤内部は乱流状態となり、物質どうしの摩擦熱によって円盤は超高温となる。くわえてブラックホールに落ち込んでいく物質も莫大な重力エネルギー(位置エネルギー)を放出する。

これほどの激しい現象が起こり続ける結果、**降着円盤の温度は1000億度**にも達すると予測される。こうして超高温となった降着円盤は、可視光からX線に至るあらゆる波長の電磁波を発し、それが地球の天文学者には輝く星のように観測されることになる。

また降着円盤をつくる物質粒子は電気を帯びているため、回転すると強大な磁場が生じる。もし降着円盤からブラックホールに向けて大量の粒子が落ち込んでいれば、それらは回転する降着円盤が生み出す磁力線に沿って加速され、冒頭で見たような何十光年先まで届くジェットとなって宇宙空間に向け噴出するであろう——最新の理論はこう描写する。

大半の銀河中心には巨大ブラックホール?

ところで、われわれの銀河系の中心部にも、さきほど見た活動銀河ほどではないものの、巨大なブラックホールが存在するとみられている。天の川のもっとも星の多い領域「**いて座A**」(17ページ図2)がその居場所である。ここには強大な磁場が存在し、周辺宇宙に強い電波やX線を放出している。

1990年代にドイツの2つの天文学者グループがそれぞれ銀河系の中心付近の星の動きを観測し、異様な高速で動く星の存在に気づいた。彼らは、これは銀河系中心の一点に莫大な質量が集中しているために生じていると推測した。われわれの太陽系より狭い領域に太陽400万個分もの質量が存在すると考えたのだ。これほどの質量から、その正体はブラックホール以外にはあり得なかった。

2020年、彼らはこの業績によりノーベル物理学賞を受賞した。このときブラックホール理論を発表した高名な理論物理学者**ロジャー・ペンローズ**も共同受賞している。

写真／NASA/CXC/R.Kraft (CfA), et al.

図3⬆100万光年もの長大なジェットを噴き出すケンタウルス座A。ジェットは電波(紫)とX線(白と黄)で撮影された。

銀河系の中心にブラックホールがあるなら、ブラックホールをもつ銀河は少数派ではないということにもなる。銀河系はめずらしい銀河ではないからだ。結論からいえば、これまでの観測から、天文学者たちは**大部分の銀河の中心にブラックホールが潜んでいる**と考えるようになっている。さきほど見たような銀河の中心付近の星やガスの動きは、その近くに莫大な質量が集中している証拠である。

宇宙に2000億個から(最新研究によると)2兆個もの銀河が存在するなら、この数とあまり変わらない銀河中心ブラックホールが存在することになる。さらに各銀河には超新星爆発によって生まれた無数のブラックホールが潜んでいる(第1章3)。星の進化理論による推測では銀河系内のブラックホールは数億個にも達するだろうという。つまり宇宙には、**2兆×数億個ものブラックホール**があるかもしれないということだ。まさに無数である。これほどのブラックホールがたえず周辺の物質を貪欲に呑み込み続けるなら、いずれ宇宙全体がブラックホールに呑み込まれると考えても矛盾はない。

だが他方で宇宙は加速しながら膨張していることが確認されてもいる。多少はブラックホールに呑み込まれるとしても、この宇宙は結局、極限まで膨張した後、冷たい暗黒だけの空間へと突き進んでいるようでもある。もっともそれは、人間も地球もとうに消滅したはるかはるか未来の話ではあるが。●

3 「超新星」とは何か?

巨大な星が死に、超新星が出現する

巨大な星の過激な死に方

われわれの体には例外なくある物質群が含まれている。それらは、かつて「**超新星爆発**」で宇宙空間に放出されたさまざまな元素から成っている。もしそれらの元素が存在しなかったなら、われわれはいまここにはいない。それどころか地球の全生物も地球そのものも存在しなかった。この宇宙がいまのような姿であるのは、過去に出現した無数の〝超新星爆発のおかげ〟である。

星の多くは、誕生から何億年もの時間が経つとしだいにエネルギー生産が低下し、ついには一人前の星の集団から脱落する。だがごく一部の星は、これとはまったく別の一生をたどる。突如として大爆発を起こし吹き飛んでしまうのだ。この瞬間を超新星（超新星爆発。**図2**）と呼ぶ。超新星とはこの**宇宙で最大最強の大爆発**のことであり、超新星という星が大昔から存在し続けているのではない。

超新星爆発が起こると、直前までもとの星をつくっていた物質が周辺宇宙に吹き飛ぶ。その速度は**秒速1万5000〜4万km**、地球上なら音速の10万倍である。そしてこの爆発により、**太陽が100億年の生涯に生み出す以上のエネルギーをわずか数秒間**で、あらゆる波長の光として放出する。その**明るさはひとつの銀河全体の光度に匹敵する**ほどなので、地球上から肉眼でも目撃されることになる。

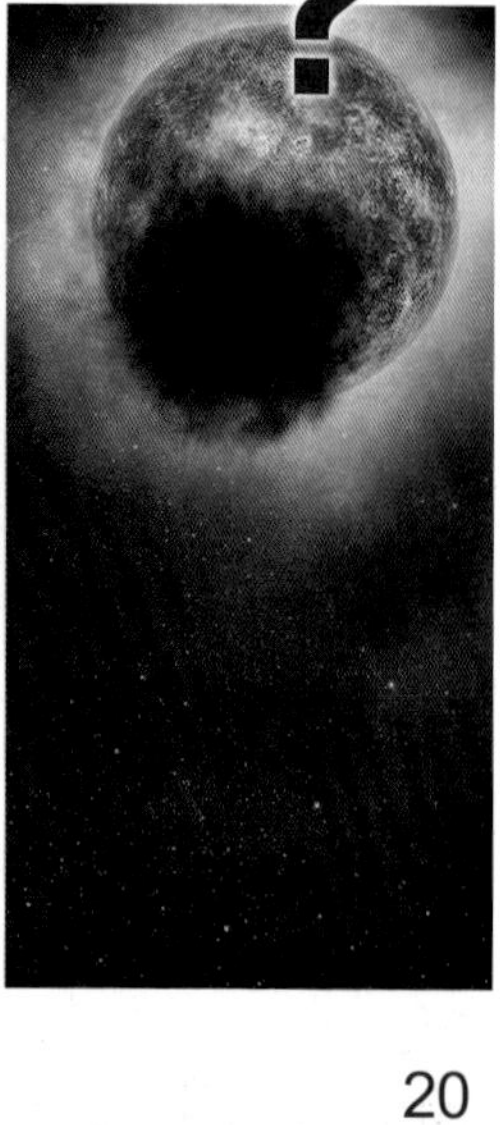

図1 ➡左／いまにも超新星爆発を起こすのではと見られている赤色超巨星ベテルギウスは直径14億km以上、太陽の約1000倍に達する。右／2019年に急速に減光したが、原因は巨大爆発で莫大な量の高温物質（プラズマ）が地球方向の冷たい宇宙空間に投げ出され、本体の光の３分の２を遮ったため。その後明るさは元に戻った。

想像図／NASA／ESA／E. Wheatley (STScI)

図2 ⬆これまで目撃記録がある超新星のうちもっとも有名なSN1054（かに超新星、かに星雲）。1054年に世界各地で目撃され、日本でも鎌倉時代の藤原定家の『明月記』に記されている。地球から6300光年の距離にあり、さしわたし6光年。中心部に超高速回転する中性子星（パルサー）が存在する。これはハッブル宇宙望遠鏡が撮影した。

写真／NASA, ESA, J.Hester & A.Loll

はるか過去の超新星が放出した元素は、いまの宇宙に存在するさまざまな天体に含まれている。代表的なものは鉄だが、ほかに**鉄より重いニッケル、銅、亜鉛などの工業生産やインフラ整備に不可欠な金属も超新星の産物**である。

超新星はこれらの物質を生み出すだけではない。爆発の衝撃波つまり〝圧力の波〟が光速の10%（秒速3万km、時速1億km！）という凄まじいスピードで広がる際、宇宙に浮かぶ星間ガスや星間塵《じん》を瞬時に〝濃縮〟し、それらの物質が集まって**新しい星を生み出す手伝いもする**。

この衝撃波のスピードは時間とともに遅くなるものの、そのエネルギーを失うまでには何百〜何千年もかかり、最後は数十光年も離れた宇宙空間にまで達する。

こうして、岩石質の惑星や衛星だけではなく、宇宙のおもな顔ぶれである星々の一部もまた超新星によって生み出される。新しく生まれた星々の中からまた新しい超新星となるものも出現する。超新星は、星々が生まれては死に、死の中からまた新たに生まれるという**宇宙の物質循環のかなめ、または通過点**というべき存在である。

「超新星発見！」という大事件

超新星がはじめて記録されたのは紀元前185年、中国においてだ。この目撃は後の5世紀に成立した『後漢書《ごかんじょ》』に記されている（邦訳もある）。このときの超新星は後に「SN185」と命名された。この名は〝スーパーノヴァ（超新星）紀元前185年〟を意味する（**図3上**）。超新星の命名は以後、これに準じて行われている。

その後銀河系ではいくつもの超新星の目撃が報告されたが、誰もその正体が星の死の瞬間とは思いもしなかった。

写真／AIP／矢沢サイエンスオフィス

ハンス・ベーテの超新星

第二次世界大戦前から核分裂や核融合の分野で重要な貢献を行ってきたベーテは、戦後は天体物理学でも大きな業績を残すことになった。とりわけ巨大な星の「重力崩壊」を研究し、その成果が中性子星や超新星の理解へと結びついた。晩年も太陽ニュートリノなどの研究に取り組み、2005年95歳で死去した。1967年ノーベル物理学賞。

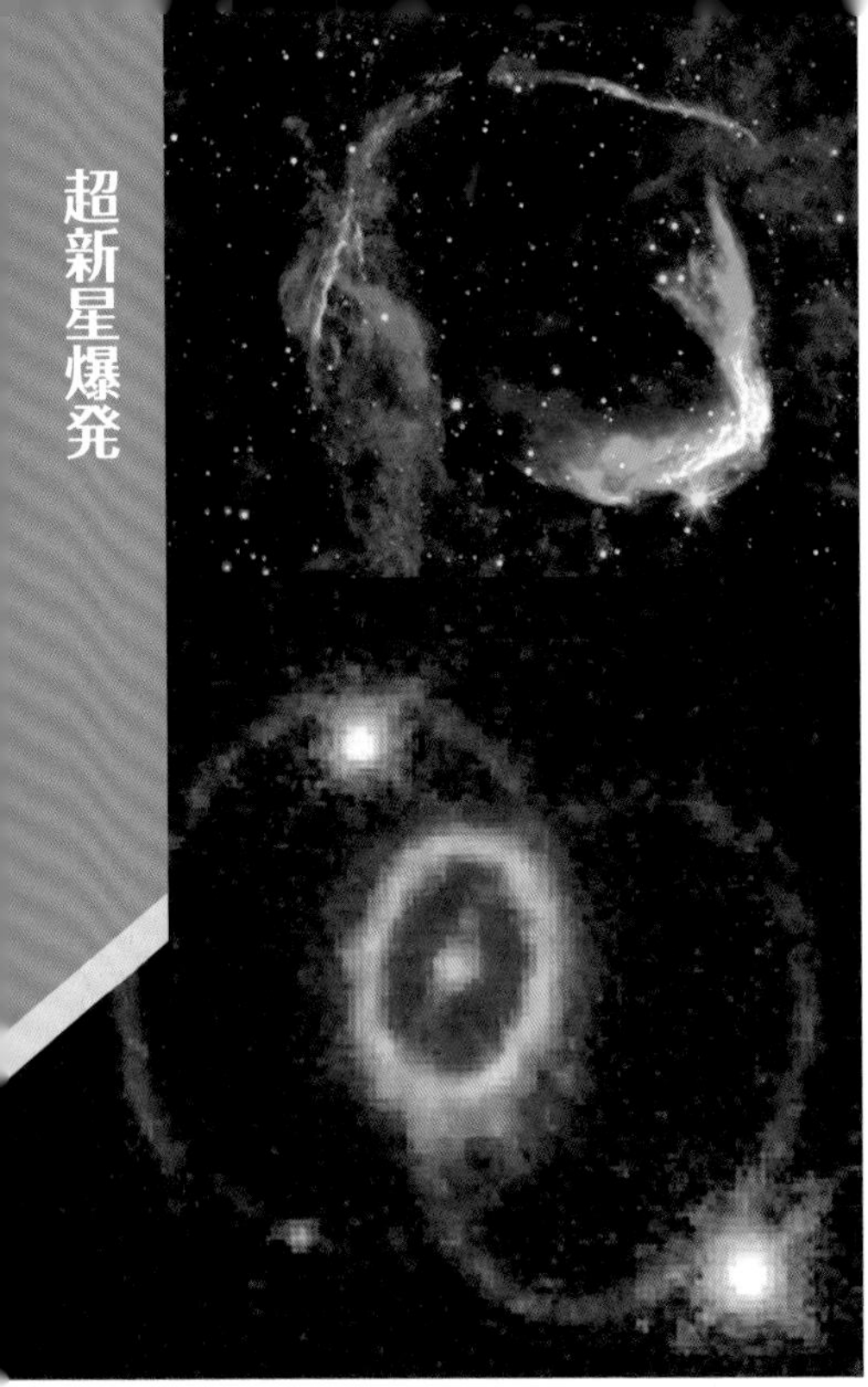

図3⬅（上）紀元前185年に中国で「客星」と記されたこの天体は、人類が最初に記録した超新星の残骸と見られる。（下）1987年に“大発見”された超新星の残骸（1987A）を、ハッブル宇宙望遠鏡が撮影した。写真／（上）NASA/ESA/JPL-Caltech/UCLA/CXC/SAO、（下）ESA/ STScI, HST/NASA

ちなみにわれわれの**銀河系ではほぼ50年に1回出現**しているが、2000億をはるかに超える星々がある中で半世紀にわずか1回程度というなら、超新星は非常にまれな出来事ということになる。

ではそもそも超新星はどんな天体か？

この謎の天体については早くも1946年にケンブリッジ大学のフレッド・ホイルが最初の考察を行っている（ホイルはあらゆる科学的議論の歴史的先導者であった）。その後この問題には何人もの物理学者や天文学者が取り組んだが、決定版的な考察を行ったのが、ドイツ出身のアメリカの理論物理学者**ハンス・ベーテ**（右ページ**コラム**）だ。彼は1985年5月号の科学誌サイエンティフィック・アメリカンに載せた論文「**How a Supernova Explodes（超新星はいかに爆発するか）**」で、超新星爆発のしくみを非常にくわしく論じた（同論文には、各国の研究者に交じって日本の天体物理学者野本憲一やインフレーション理論で知られる佐藤勝彦の名も見える）。

ちなみにベーテは、第二次世界大戦中にはアメリカの原子爆弾開発（マンハッタン計画）の指導者ロバート・オッペンハイマーに招かれて同計画の理論的指導者となり、戦後は、星の内部のエネルギー生産が水素の核融合によることをはじめて解明して、1967年にノーベル物理学賞を受賞した。科学本を好む読者なら知っているであろう高名なリチャード・ファインマンやフリーマン・ダイソンらはベーテの弟子だ（ベーテは2005年死去）。

このベーテの論文発表からほとんど時間を経ていない1987年、今度は現代天文学にとって真に現代的な**「超新星発見！」という大事件**が起こった。世界中のメディアが興奮して報じたその超新星は「**SN1987A**」（**図3下**）と名づけられた。

日本では、**岐阜県神岡鉱山地下の巨大な水タンクの検出装**

置（カミオカンデ）が世界ではじめてこの超新星から飛来したニュートリノ（**注1**）をとらえて、文字どおりの大ニュースとなった。この直後、筆者はカミオカンデの責任者でもあった戸塚洋二東大教授（ノーベル賞有力候補とされたが2008年死去）に案内されて地下1000mの実験施設を訪れた。後にカミオカンデおよびその後継施設スーパーカミオカンデの業績に貢献した2人の科学者（小柴昌俊、梶田隆章）がノーベル賞を受賞した。

ともかくこの大事件から35年以上がすぎた21世紀のいままでに超新星を論じたり解説したりした人々は、ベーテ論文から基本的理解を学んだはずである。

太陽はなぜ超新星になれないか？

星が超新星となって宇宙を照らし出せるか否かには決定的な条件がある。それは、星の質量が非常に大きい、つまり**太陽の8倍程度以上の「大質量星」**であることだ。人間から見ればわれわれの太陽は巨大かつ偉大な星だが、宇宙では無数の平凡な恒星のひとつであり、超新星には決してなれない。ではなぜ大質量であることが絶対条件なのか？

星は自らの質量が生み出す巨大な重力によって中心部（中心核）が押しつぶされ、その圧力によって中心核をつくっている水素ガスが非常な高密度かつ高温となり、ついには水素どうしが結合しはじめる。**原子核どうしの結合、つまり「核融合」**が始まったのだ。この核融合で生み出された莫大な熱エネルギーが星の表面から光として放出される。こうして星は漆黒の宇宙に光り輝く天体となる——ここまではさきほどのベーテが解明した星のしくみに沿っている。

問題は、この星が誕生時にどれほど大きいか、どれほどの質量をもっているかである。前記のように太陽ほどの質量では、ここで問題にしている条件には未達である。他方これより質量がずっと大きいと、今度は超新星になることが否応なく運命づけられる。

「赤色超巨星」が一瞬で「超新星」へ

星の中心部で始まった核融合は、以後何億年、何十億年もその状態を維持する。そしてついに燃料の水素が尽きかけると、星は終末へと向かう。太陽はいまこの過程の中間あたりにあるとみられている。

だが質量が太陽の8〜10倍以上の星は、このような過程を経ることができない。自らの重力があまりにも大きいため非常に急速に水素を燃やし尽くしてしまう。そして水素がなく

注1／ニュートリノ 素粒子のひとつで電荷はゼロ（中性）。電子ニュートリノ、ミューニュートリノ、タウニュートリノの3つが存在する。長年質量ゼロとみられていたが、スーパーカミオカンデの実験などで質量をもつことがわかった。

図4 水素の核融合

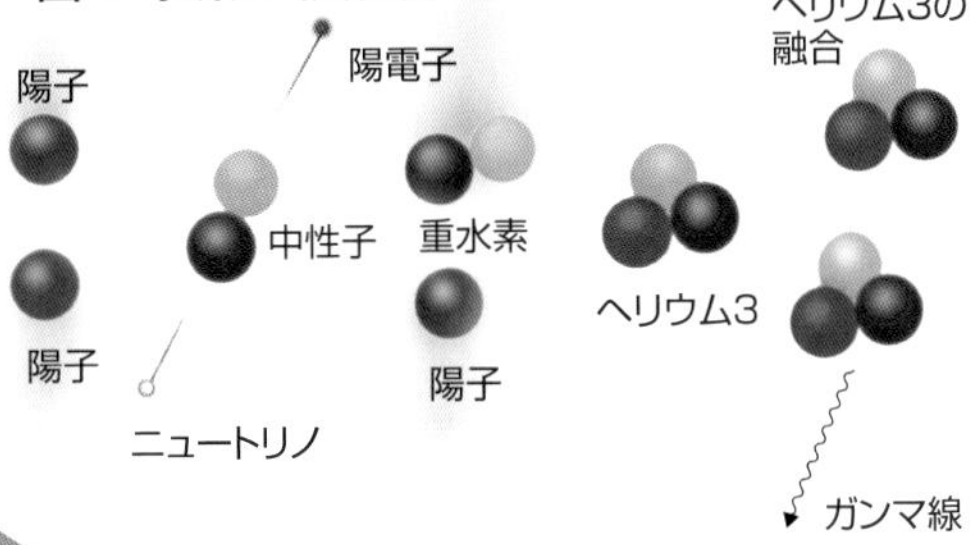

➡星の中心部の温度が1000万度を超えると（太陽は1500万度）水素が核融合を起こす。左から右へ／水素の原子核（陽子）どうしが融合して重水素となり、それが水素と融合してヘリウムに変わる。融合の際に余分のエネルギーが熱として放出される。

図5 重力崩壊

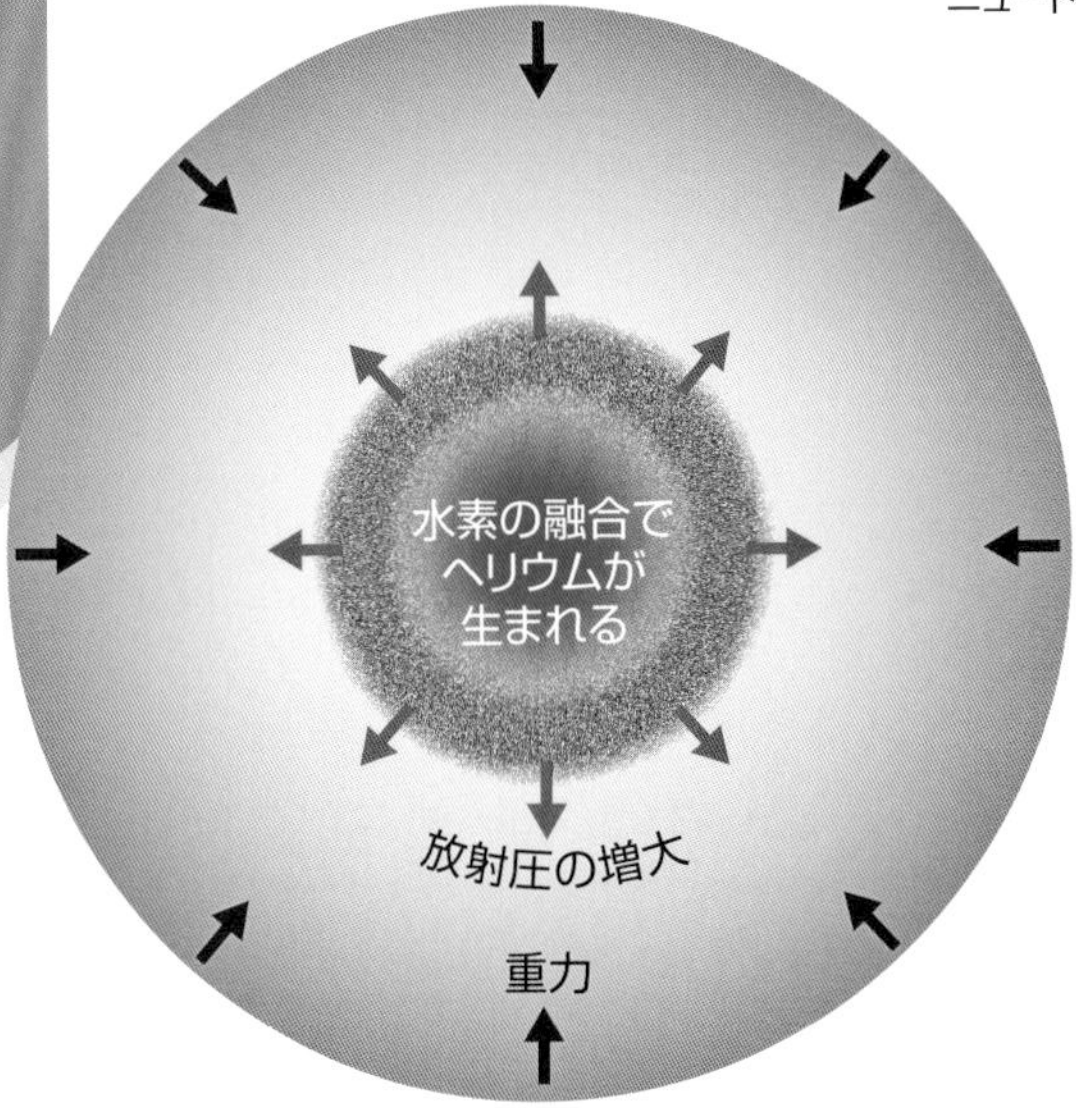

⬆星は、自らを収縮させようとする自己重力と中心核の発熱が生み出す膨張力がバランスを保っている間は、その姿を維持する。だが燃料の水素の大半が消費されて発熱量が低下すると自己重力が膨張力に打ち勝ち、星はいっきに収縮、ついで大爆発が起こって星の外層が吹き飛ぶ（超新星爆発）。

図／矢沢サイエンスオフィス

なれば次はヘリウムが核融合を起こす。中心核の温度はますます高くなり、8億度に達したころついに炭素が燃えはじめ、さらにネオン、酸素、ナトリウム、マグネシウムが矢継ぎ早に生み出される。そして15億度に達するとネオンが燃えだすが、それは1年ほどで燃え尽きる。いまや中心核は20億度となって酸素が核融合を起こしはじめ、マグネシウム、ケイ素、イオウに至る元素が次々に出現する。

30億度に達すると最後のケイ素が燃えはじめ、それは複雑な反応を経て〝灰〟となり、さらにコバルト、ニッケルへと変わる。そしてここで**ついに〝臨界点〟がやってくる。**鉄が出現するのだ。鉄（原子量56）は原子核の結合エネルギーが最大で、もはや核融合は起こせない。こうして**中心核の大半が鉄に変わったとき、核融合はついに停止する。**星はいまや内部が何層にも分化したタマネギ状の球体となっている。

このときの様子を宇宙から見ると、それは直径が太陽の数百倍から1000倍にも膨れ上がった超巨大な赤い星、すなわち**「赤色超巨星」へと変貌《へんぼう》**している。この〝星のモンスター〟が宇宙に放射するエネルギーは太陽3万個分以上と計算されている。

だが赤色超巨星はほんのつかの間しか宇宙空間に存在できない。終末が迫っているのだ。これまで星を膨張させ

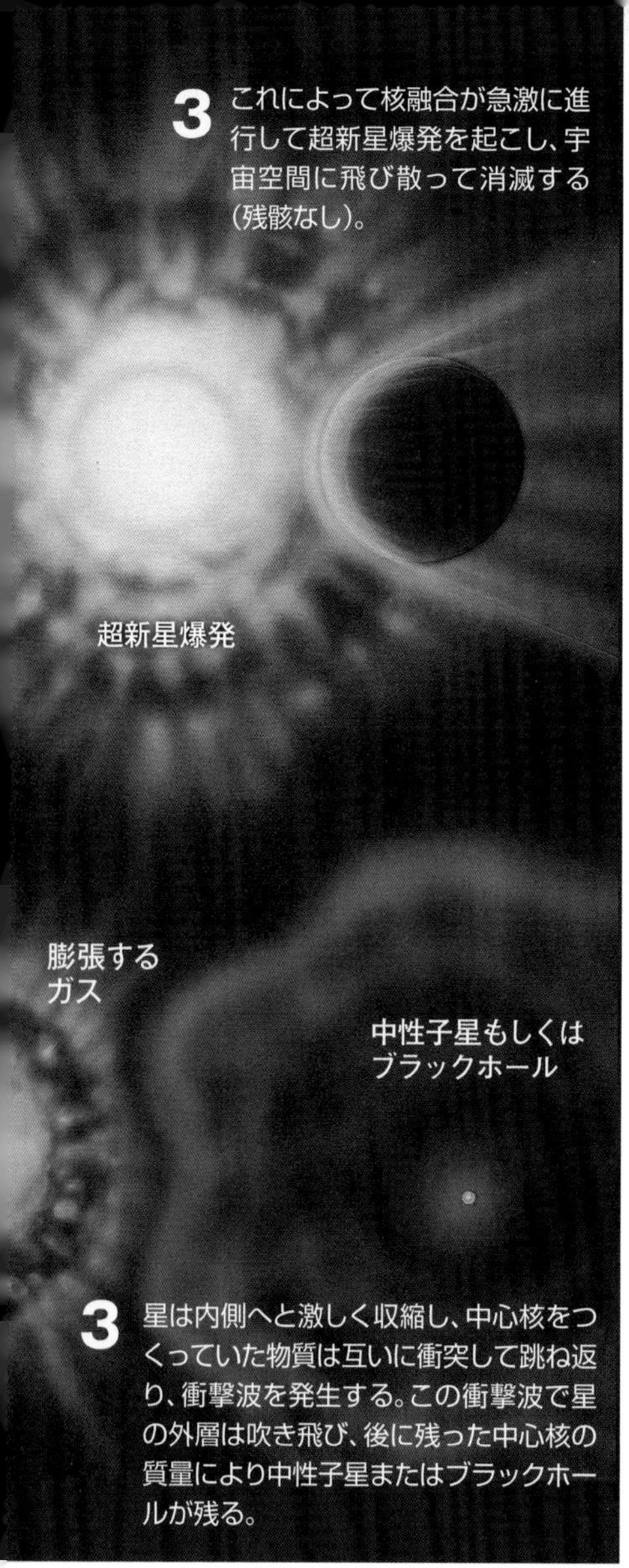

3 これによって核融合が急激に進行して超新星爆発を起こし、宇宙空間に飛び散って消滅する（残骸なし）。
超新星爆発
膨張するガス
中性子星もしくはブラックホール
3 星は内側へと激しく収縮し、中心核をつくっていた物質は互いに衝突して跳ね返り、衝撃波を発生する。この衝撃波で星の外層は吹き飛び、後に残った中心核の質量により中性子星またはブラックホールが残る。

図6 ⬅超新星はタイプⅠとタイプⅡに分けられるが、この分類に合致しないものも観測されている。

イラスト／長谷川正治／矢沢サイエンスオフィス

てきた中心核のエネルギー生産がほぼ停止したとたんに星自身の重力が優勢となり、外層がいっきに中心へと落下する。これは外に向かう**爆発とは真逆の**「**爆縮**《ばくしゅく》」と呼ばれる。

こうして押しつぶされた中心核の温度は数十億度に達し、鉄の原子核どうしは圧縮・破壊されて陽子と電子に変わってしまう。ついで陽子と電子は結合して中性子に変わるが、このとき放出された**巨大なエネルギーが星の外層を完全に吹き飛ばす。この瞬間が超新星爆発である。**もし爆縮の瞬間を偶然にも近くの宇宙で目撃すれば、巨大な星が一瞬消滅したように見えるに違いない。

重い元素は超新星が生みの親

超新星爆発の最中にはさまざまな重い元素が生み出される。少しめんどうな話に寄り道するが、このとき重要な役割を果たすのは中性子である。超新星爆発によって中心核が押しつぶされると、そこからは莫大な量の高エネルギーの中性子が噴出する。これらの中性子はただちに重い原子の原子核に捕らえられ（中性子捕獲）、その原子が、余分な中性子をもった不安定な原子（同位体）に変わる。これらの不安定な同位体はただちに「ベータ崩壊」（中性子が電子とニュートリノを放出して陽子に変わる）という反応を起こしてより重い原子に変わる。こうして新しい元素が生み出される。

このようなプロセスがくり返されて次々により重い原子（元素）が生み出される。超新星爆発はこうして鉄や銅などの重い元素を文字どおり一瞬にして生み出し、それまでに生成した元素も含めて宇宙空間に飛び散らせる。

ちなみに赤色超巨星が

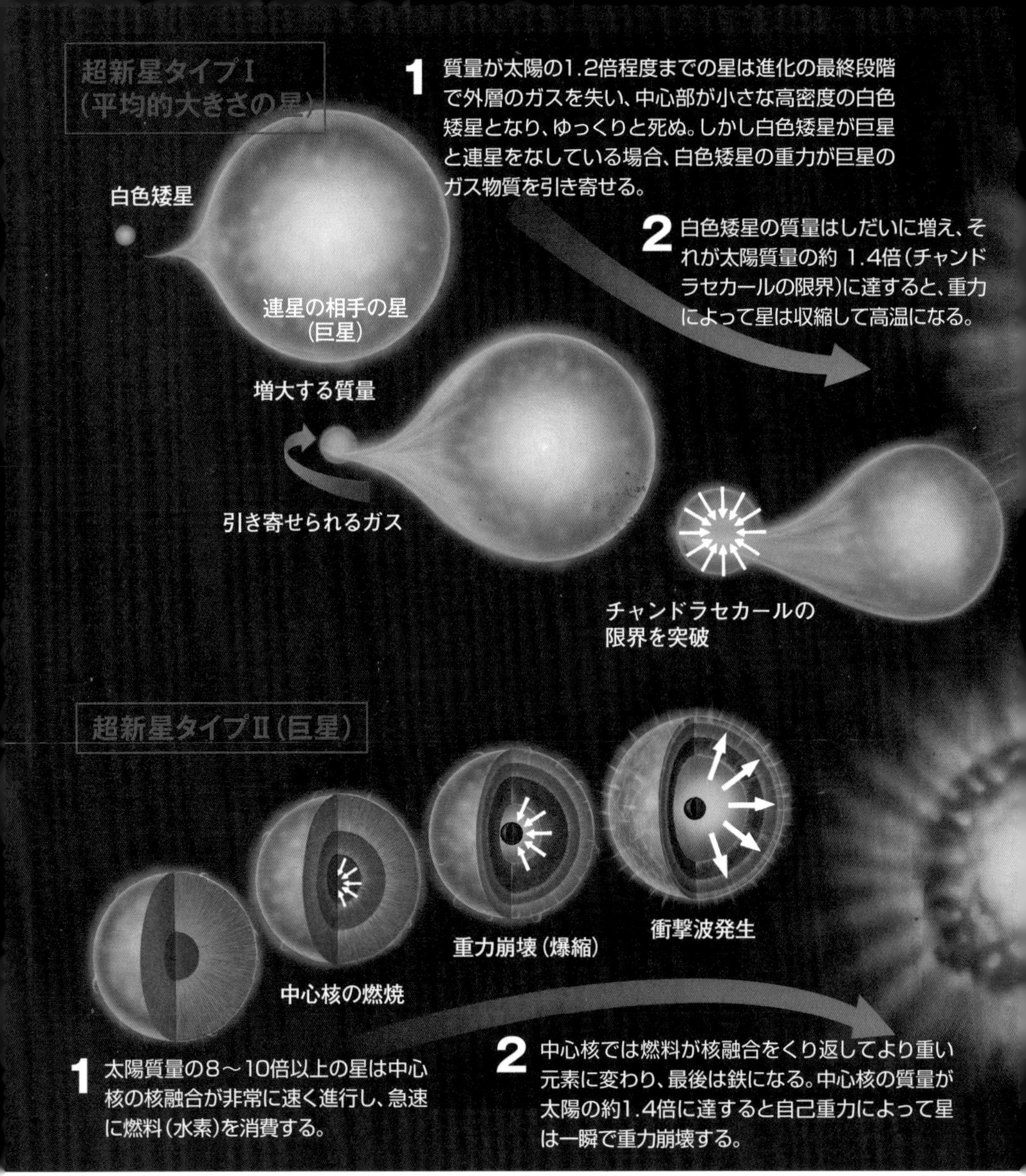
超新星タイプⅠ
（平均的大きさの星）
1 質量が太陽の1.2倍程度までの星は進化の最終段階で外層のガスを失い、中心部が小さな高密度の白色矮星となり、ゆっくりと死ぬ。しかし白色矮星が巨星と連星をなしている場合、白色矮星の重力が巨星のガス物質を引き寄せる。
白色矮星
連星の相手の星
（巨星）
2 白色矮星の質量はしだいに増え、それが太陽質量の約 1.4倍（チャンドラセカールの限界）に達すると、重力によって星は収縮して高温になる。
増大する質量
引き寄せられるガス
チャンドラセカールの
限界を突破
超新星タイプⅡ（巨星）
衝撃波発生
重力崩壊（爆縮）
中心核の燃焼
1 太陽質量の8～10倍以上の星は中心核の核融合が非常に速く進行し、急速に燃料（水素）を消費する。
2 中心核では燃料が核融合をくり返してより重い元素に変わり、最後は鉄になる。中心核の質量が太陽の約1.4倍に達すると自己重力によって星は一瞬で重力崩壊する。

死んでから超新星が出現するまでには、100万分の1秒という人間が感じとれないほどの時間しかかかっていない。

中性子星かブラックホールか？

ところでこのとき、後に残された中心核では外層の大爆発とは別の出来事が起こっている。それは、爆発後に中性子星とブラックホールのどちらが残されるかの分岐点でもある。

星の外層が吹き飛んだ後に残された中心核の実態は、さきほど見たようにほとんど中性子に変わっている。そしてこの中心核はただちに新たな重力崩壊を起こし、完全なる中性子の球体で**奇怪な天体である「中性子星」に変身**している。

　中性子星は直径20㎞ほどと大きめの小惑星ほどしかないが、質量は太陽の1・5倍、密度は目もくらむばかりで角砂糖1個大で10億トンである（中性子星については29ページ参照）。

　超新星爆発の後に残される天体については異見もあるが、ここではNASAの研究者の計算に注目してみる。それによると、もし超新星になる前の星の質量が**太陽の10倍程度なら、後に残されるのは中性子星である。他方、もとの星の質量が太陽の10倍以上なら、いちど出現した中性子星はさらに重力崩壊してブラックホールになる。**

　別の研究者はこう予測する。超新星爆発の後に残された中性子星の質量が太陽の3倍以下なら、それは以後も中性子星として存在し続け、質量がそれ以上なら自ら重力崩壊を起こしてブラックホールになる――

誰にもチャンスがある

　ここでは、宇宙に単独で存在する巨星が超新星となる場合を追ってみた。しかし超新星は別のプロセスでも出現することがあるため、おおざっぱに「タイプⅠ（1型超新星）」と「タイプⅡ（2型超新星）」に分けられる（前ページ**図6**）。前述のように巨大な星が生涯の最期に爆発して超新星となるのはタイプⅡである。

　対してタイプⅠ（正確にはⅠa）は、2つの星が連星をつくっている、つまり2つの星が互いを回っている場合だ（前ページ図6）。このとき一方の星が偶然にも白色矮星だとすると、この貪欲な星は他方の星から物質を引きはがして呑み込み続ける。そのため白色矮星はしだいに肥大化して巨星となり、ついに超新星爆発を起こすというものだ。

　ところでこの数年、ごく近いうちに超新星になるのではと話題になってきた星がある。オリオン座の1等星**ベテルギウス**（距離650光年。20ページ**図1**）だ。はじめは太陽の6倍ほどの大きさだったが、いまでは1000倍にも膨張して赤色超巨星となり、形が歪んでもいる。この星を太陽の位置におけば、その表面は小惑星帯あたりまで到達するほどだ。

　ベテルギウスは誕生からわずか800万年、星の年齢としては思春期である。明日にも超新星になるのではと各国のメディアが報じたのも無理からぬところだ。だが天文学者たちは、ベテルギウスが歪んだり光度が増減したりするのは理由のあることで、まだ当分（10万年くらい？）超新星にはならないと予測している。それでも突然爆発する可能性はある。

　超新星爆発は宇宙的大事件である。天文学者でなくても、超新星やその残骸を目撃するチャンスは誰にも分け与えられている。あとは熱意と多少の幸運だけである。●

4 「中性子星」という奇妙な天体

極小サイズと極大重力の謎

中性子星の平べったい生物

星の表面に貼りついて変形しながらゆっくり動くナメクジ的生物――これは**ロバート・フォワード**のSF小説『竜の卵（Dragon's Egg）』に登場する知性体である（**図1**）。

この生物の体長は2・5㎜と米粒大だが体重は70kg。この奇妙奇天烈《きてれつ》な生物は、特異な天体「**中性子星**」の表面で15分ごとに世代交代しながら超高速で進化する。作者フォワードは著名なSF作家だが、ヒューズ航空研究所の物理学者でもあった（2002年死去）。彼が中性子星の生物として描いたこの奇妙な知性体はSFの世界を超えて広く知られた。

中性子星とは、文字どおり**中性子だけからなる超小型の星**である。星が一生の最期に到達する姿のひとつで、巨大

図1⬇『竜の卵』に登場する中性子星の生物チーラ。高密度の体は原子核からなり、中性子の交換によって結合している。体長2.5mmほどだが体重は70kgもあり、超高速で世代交代する。
イラスト／安田尚樹／矢沢サイエンスオフィス

な星が**超新星爆発**を起こした後に生まれる（20ページ記事）。
超新星爆発の際、後に残された星のコア（中心核）は自らの重力によって数秒間で爆縮、つまり爆発的に収縮する。その際の恐ろしい衝撃と強大な重力によって原子までもが破壊され、原子核をつくっていた陽子は電子を吸収して中性子に変わる。その結果、星のコアは中性子がぎっしり詰まった小天体である中性子星へと変身する（ちなみに地球上では中性子は通常、原子の内部で陽子とともに原子核をつくっているが、ひとたび原子の外に出ると15分ほどで崩壊して陽子と電子に変わってしまう）。

中性子星の直径はわずか20㎞ばかり、東京23区と同程度の大きさだ。だがその質量は太陽の1〜3倍、平均的には4000兆トン×1兆倍である。宇宙ではこれほど高密度な物質はほかに存在しない。そのため**小さなスプーン1杯の量で10億トン**と、地球や太陽とは比較にもならない超高密度の天体である。

当然ながら重力も強大で、地球重力の2000億倍である。体重70kgの人間が中性子星に行けば（未来永劫《えいごう》行けるわけはないが）、そこでの体重は〝14兆トン〟となる。フォワードが描いた中性子星の生物が平べったいのはそのためだ。

「白色矮星」と「中性子星」の予言

このような天体の存在をはじめて予言したのは、ソ連（現ロシア）の若き物理学者**レフ・ランダウ**である。彼は1931年、（インド出身のスブラマニアン・チャンドラセカール同様）巨大な重力に抗してなお存続する天体がどんなものか考察した。

彼らが予言した天体は**白色矮《はくしょくわい》星《せい》**。これは、ある質量の星が一生の最期にたどり着くいわば〝星の遺骸《いがい》〟で、密度は高いが内部の物質の原子構造は保たれている。白色矮星は「**縮退圧**《しゅくたいあつ》」と呼ばれる内部の強力な力（電子どうしの反発力。**注1、図2**）によって重力に対抗し、その形を保ち続ける。

注1／縮退圧
量子論によれば、電子や陽子、中性子などはフェルミ粒子と呼ばれ、個々の粒子は他の粒子と完全に同じ状態をとることができない（パウリの排他則）。そのため、絶対0度でも粒子はわずかにエネルギーをもって運動する。このとき生じる（重力に対抗する）圧力を縮退圧と呼ぶ。

図2

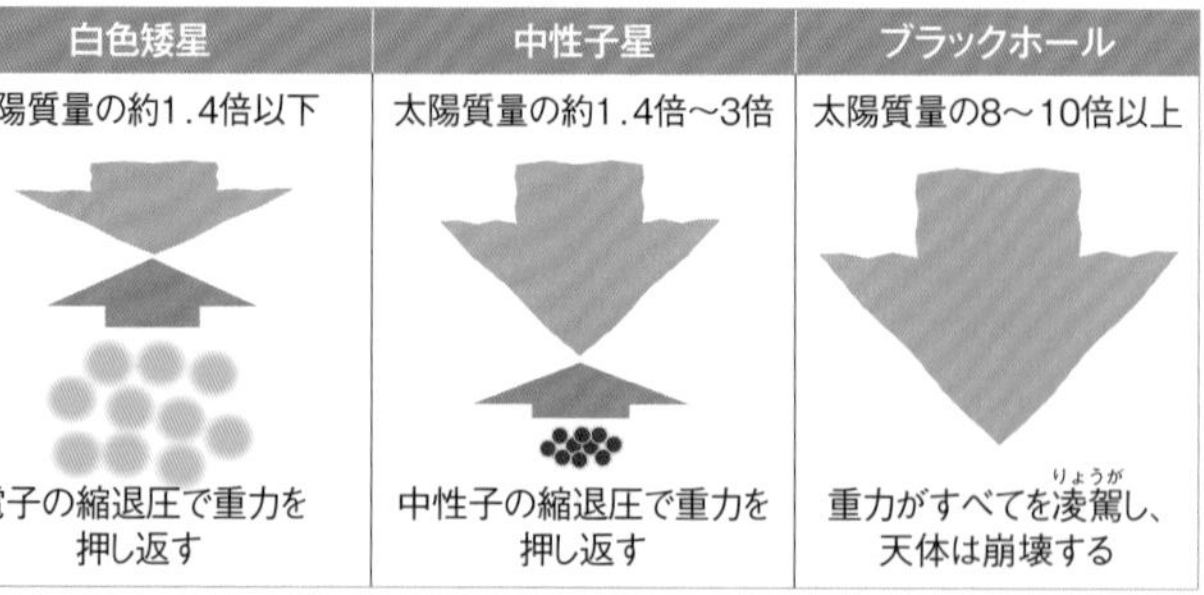

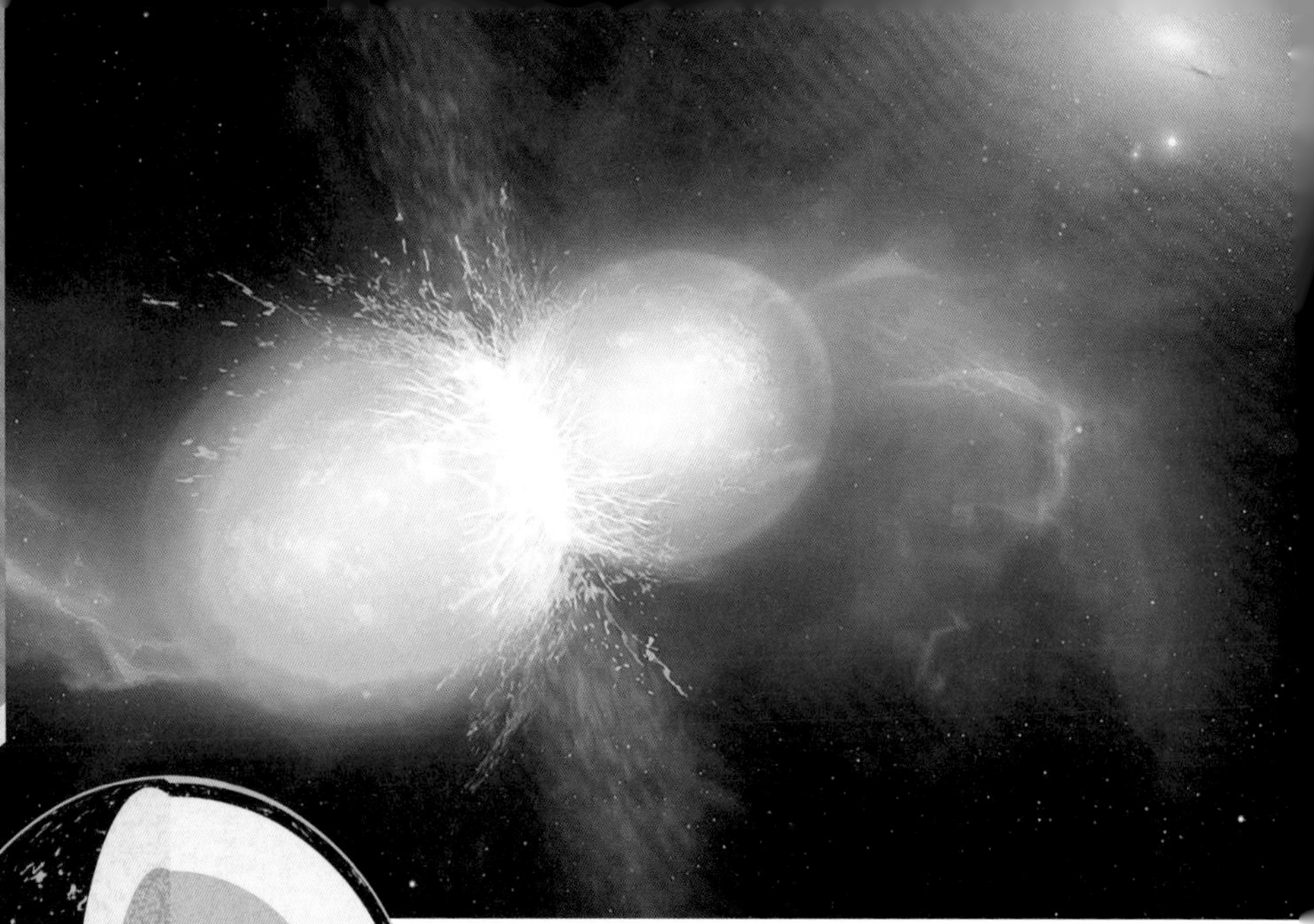

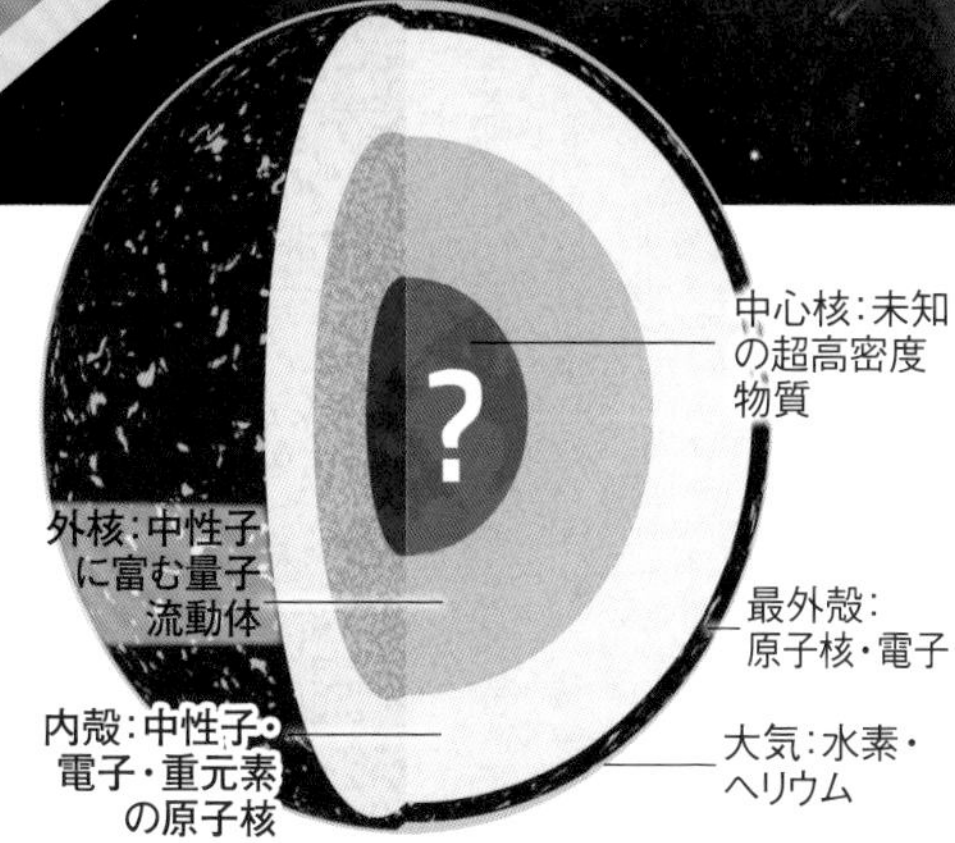

図3 ⬆地球から1億3000万光年離れた銀河で2つの中性子星が衝突・合体した（イメージ）。このとき放出された爆発的エネルギーは2017年8月、地球でガンマ線バーストや重力波として観測された。　イラスト／University of Warwick/Mark Garlick

図4 ⬅推測される中性子星の構造。この天体は中性子のみでできているわけではなく、表層には電子や原子核が存在する。超高密度の中心部については複数の仮説があるが、裏付けとなる観測結果はいまのところない。図／NASA's Goddard Space Flight Center/Conceptual Image Lab.

だがランダウはさらに、白色矮星とは別の、原子よりはるかに小さい原子核がぎっしりと詰まった奇怪な星の存在をも予言した。その天体は白色矮星より著しく小さく密度がはるかに高い。当時は中性子が発見されていなかったため、彼はその星の内部では原子核どうしが重力で融合し、1個の巨大な原子核になっていると推測した。

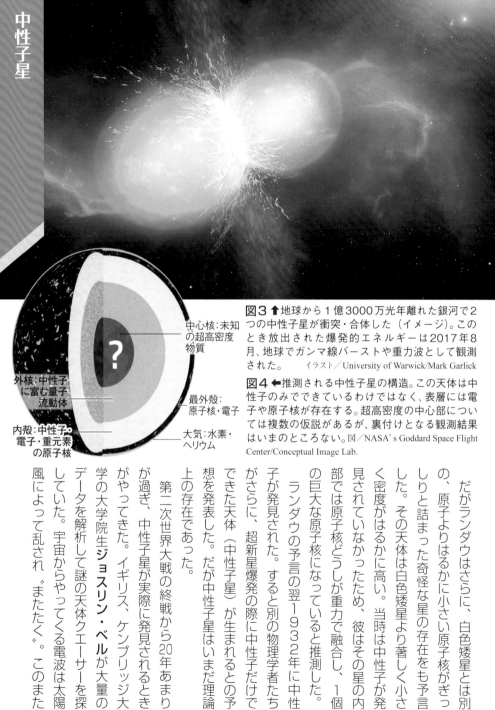

ランダウの予言の翌1932年に中性子が発見された。すると別の物理学者たちがさらに、超新星爆発の際に中性子だけでできた天体（中性子星）が生まれるとの予想を発表した。だが中性子星はいまだ理論上の存在であった。

第二次世界大戦の終戦から20年あまりが過ぎ、中性子星が実際に発見されるときがやってきた。イギリス、ケンブリッジ大学の大学院生**ジョスリン・ベル**が大量のデータを解析して謎の天体クエーサーを探していた。宇宙からやってくる電波は太陽風によって乱され〝またたく〟。このまたたき方から電波源の大きさなどを推測することができる。彼女はそれを手作業で分析していた。

1967年11月、彼女は奇妙な電波雑音をとらえた。それは1・3秒に1回という正確な周期性をもっていた。こんなに短い周期の電波パルスを発する天体など存在するのか？ 彼女と先輩研究者**アントニー・ヒューイッシュ**は人工的な電波かと疑った。地球外文明が存在する？

だがベルはその後さらに3つのよく似た電波源を発見し、これらは何らかの天体から発せられていると推測した。電波パルスを放出することから「**パルサー**」と呼ばれることになるこの天体こそが、**高速回転しながら電波を発している中性子星**であることがまもなく明らかになった（後にヒューイッシュの業績に対してノーベル物理学賞が贈られたが、大学院生だったジョスリン・ベルは対象にならず、そのことが科学界で話題になった）。

1秒間に1000回も回転する星の出現

パルサーは灯台にたとえられる。1回転ごとに地球に一瞬の電波が届くためだ。この天体は強い磁場をもっており、磁力線の方向に電波を放出している。磁力線の方向と自転軸がずれているため、パルサーが回転するたびに電波が地球にもチラッとやってくる。そのタイミングは〝宇宙時計〟と呼びたいほど正確だが、ずっと観測しているとわずかずつ遅れていくことがわかった。なぜか？

中性子星は誕生直後にもっとも高速で回転している。超新星爆発のとほうもないエネルギーの中で生まれたこの天体は1秒間に最大1000回、**1分間に6万回も自転**していた。だがパルサーは電波やX線の放出によってエネルギーを失っていくため、回転速度がわずかずつ遅れていくという。将来この回転が完全に停止すれば、もはや電波は放出されず、地球からその存在を確認することはできなくなる。

電波を出すということは、中性子星の内部に中性子以外のもの、たとえば電気を帯びる陽子や電子、原子核などが存在することを示唆《しさ》する。強い磁場もまた中性子星にこうした電気をもつ粒子が存在しないと生じ得ない。だがいまのところ中性子星の内部はよくわかっていない（**図4**）。

中性子星の中心部はとりわけ謎に満ちており、さまざまな仮説が登場している。素粒子のクォークやグルーオンなどが渾然《こんぜん》一体となって流動しているとか、「ハイペロン」という地球にはない粒子が存在する、あるいは「ボーズ＝アインシュタイン凝縮《ぎょうしゅく》」（**注2**）のために中心部が巨大な1個の粒子のようにふるまっているなどなどだ。

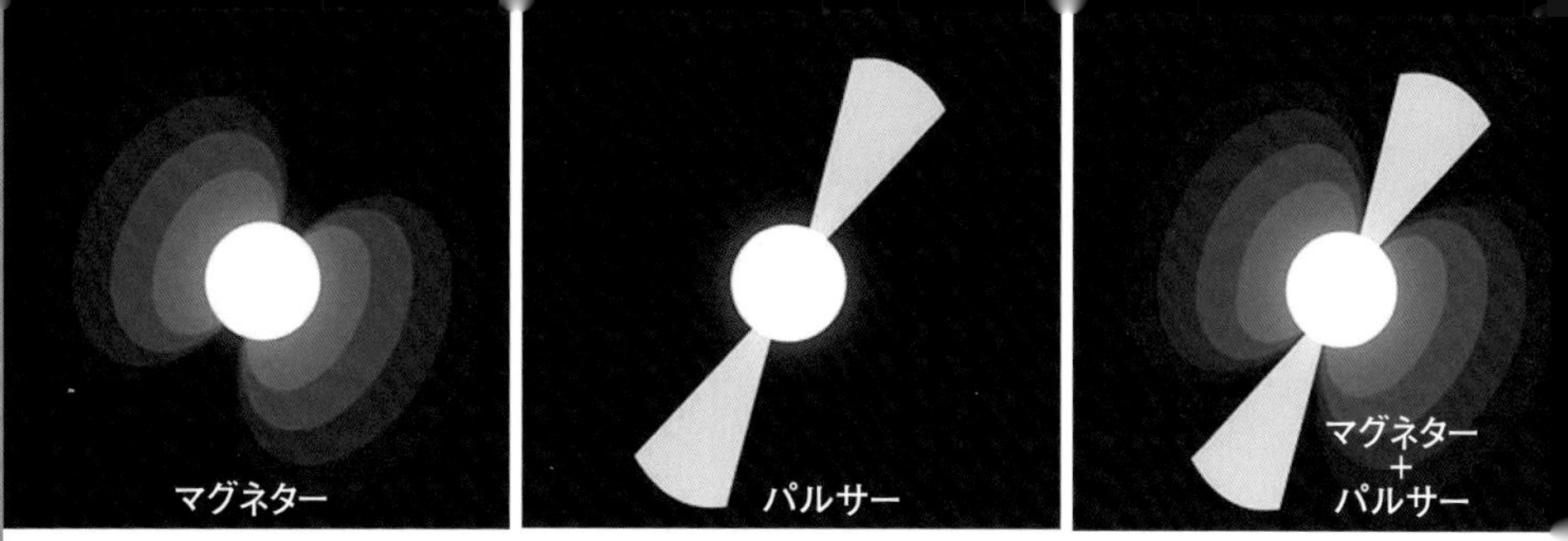

図5⬆一般的な中性子星の1000倍も磁場が強いマグネター（左）、強い電波を２方向から放出するパルサー（中央）。両方の特徴をもつ中性子星（右）はまだ6個しか発見されていない。
イラスト／NASA/JPL-Caltech

「マグネター」が接近すれば人類は破滅

中性子星の中にはとりわけ強大な磁場をもつものがある。ふつうの中性子星でもその磁場は地球の1兆倍だが、「**マグネター**」と呼ばれる中性子星はそのさらに1000倍、つまり**地球の〝1000兆倍の磁場〟をもつ**とみられる。磁場の強さは100億〜1000億テスラ。対して地球磁場はささやかにも50マイクロテスラ（マイクロテスラ＝100万分の1テスラ。テスラは磁場の強さの単位）である。これほど強大な磁場は現代科学が逆立ちしてもまったく生み出すことはできない。

この宇宙最強の天然磁石が地球に接近したら何が起こるか？ある天文学者の計算では、地球から6万kmの距離——月−地球間の距離の約6分の1——に近づいただけで、読者や筆者のクレジットカードの磁気データが消える。さらに近づけば人間自身もめまいや吐き気を催《もよお》し、脳内で光が点滅するように感じ、心臓や血液に電流が生じて心臓の鼓動が狂うだろうという。

アメリカの天体物理学者ポール・サッターによれば、距離が1000kmまで縮まると（国際宇宙ステーションの高度は地上400km）、**マグネターの磁場の電気的作用で生物の体内の機能はすべて停止**する。さらに体内の電子がすべてマグネターに引きつけられて移動して原子どうしの結合が失われ、人体は形を失って粉々になる——

ちなみに、現在までに銀河系で3000個もの中性子星が見つかっているが、そのうちマグネターはわずか30個しかない。この奇怪な中性子星がどうやって出現したかは、いまのところほとんどわかっていない。●

注2／ボーズ＝アインシュタイン凝縮
光子や水素原子などはボーズ粒子と呼ばれ、複数の粒子がみな同じ状態をとることができる。極低温でエネルギーが低くなると、ボーズ粒子はたがいに引きつけ合って協調し、巨大なひとつの波のようにふるまう。これをボーズ粒子の理論を提出した2人の科学者の名をとってボーズ＝アインシュタイン凝縮（BEC）と呼ぶ。

5 銀河系（天の川銀河）はどんな姿をしているか？

最新観測から見えてきた銀河系

夏の天の川と冬の天の川

よく晴れた夏の夜、人家の少ない場所で空を見上げると、幸運ならうすく煙るような**「天の川」**が見える。英語で〝ミルキーウェイ（ミルクの道）〟とも呼ばれるこの光の大河は実際には何千億もの星々の大集団、つまり**銀河のひとつ**である。まぎらわしいが**銀河は銀河一般の呼び方**であり、人間の居場所たる**天の川銀河はとくに固有名詞で「銀河系」**と呼ぶ。そこで以下では天文学の本らしく、天の川銀河を銀河系と呼ぶことにする。

われわれが天の川として見ることのできる星々の集団は、実際には銀河系の中心付近を地球から眺めた姿だ。冬空には、逆に銀河系の周縁部が（夏に比べて星がまばらな）天の川として観察できる。

18世紀後半、イギリスの天文学者**ウィリアム・ハーシェル**は自作の望遠鏡で天の川の星々を観測した。そして銀河系の地図を作り、われわれの住む銀河が円盤のように広がっていることを発見した（**図1**）。

しかし当時は観測技術が未熟だったため、ハーシェルの見た宇宙は現在知られている宇宙よりはるかに小さかった。彼は、銀河系の大きさはさしわたし6000光年ほどで、太陽がその中心にあると考え、銀河系の外側にも銀河が無数にあるとは思いもよらなかった。

いまでは**銀河系は直径10万光年**、光が銀河系円盤の端から端まで達するのに10万年もかかると推定されている。地球や人間にとって特別な存在の太陽も、実のところ1000億〜

図1⬇ハーシェルが作成した銀河系の地図。実際の銀河系よりはるかに小さい。

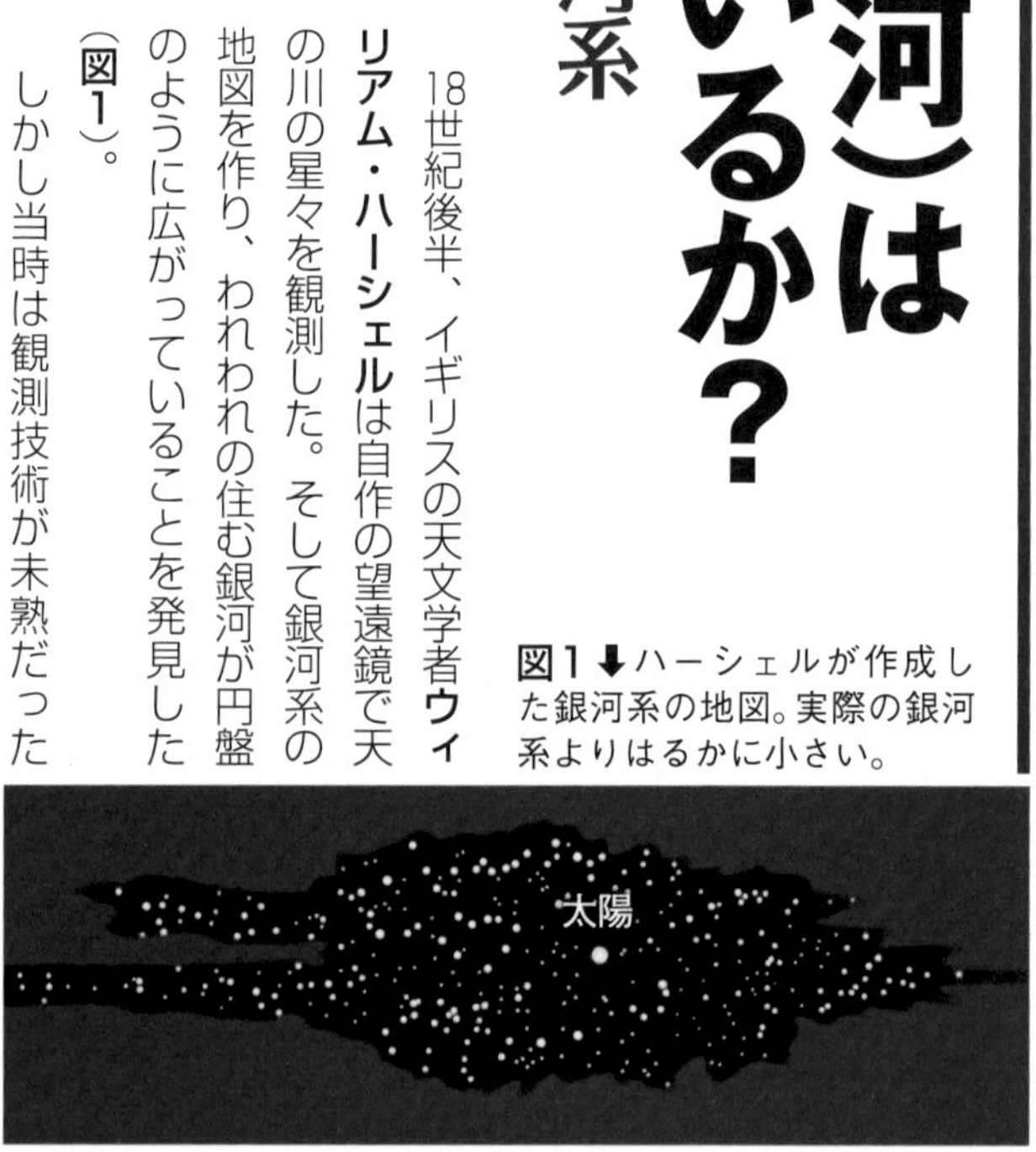

1兆個もの銀河系の星々のただひとつにすぎない。そして太陽は銀河系の中心どころか、中心から2万6000光年も離れた銀河のかなり端っこに位置している。

銀河系の中心には巨大ブラックホール？

われわれは銀河系の内部にいるため、銀河系の全体像を一望できない。〝井の中の蛙《かわず》〟ならぬ〝銀河系の中の小地球〟の宿命だ。それでも、さまざまな観測が銀河系の姿を少しずつ明らかにしている（図2）。

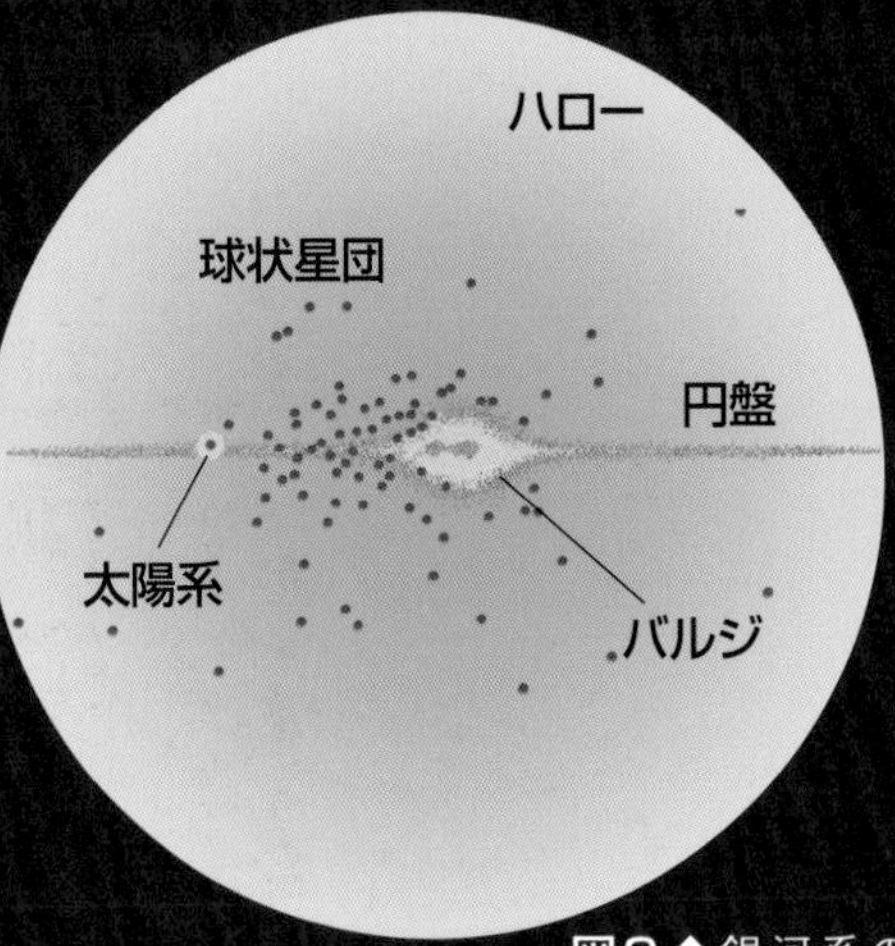

図2⬆銀河系の構造。厚みのあるバルジのまわりを薄い円盤がとりまいている。⬅太陽系は銀河系の中心部から約2万6000光年離れていると推定されている。図／矢沢サイエンスオフィス

まず銀河系の中央部はいて座方向にあり、大きくふくれあがっている。このふくらみは「**バルジ**」と呼ばれる。円盤はバルジのまわりに広がり、その厚さはわずか2000光年、直径10万光年に比べて非常に薄い。

銀河系の円盤は全体がゆっくりと回転（公転）している。ゆっくりといっても太陽系の位置でさえ秒速220㎞、時速では79万㎞。地球から月まで30分足らずで通り抜けるほどの超高速だ。そしてこの速さで**銀河系1回転に要する時間は2億3000万年**。つまりいまの位置を前回通ったのは、地球上に最初の恐竜が出現してまもなくの地質学でいうところの三畳《さんじょう》紀ということになる。

銀河系円盤は150個ほどの「**球状星団**」に取り巻かれている。「**ハロー**」と呼ばれるこの領域は全体として球状をなし、直径は約50万光年と推定されている。

これまでの観測では銀河系は「**棒渦状銀河**」（36ページ図1参照）とみられている。中央のふくらみ（バルジ）がやや長細い〝棒状〟で、円盤部から4本の〝腕〟が渦を巻いて伸びている。そしてバルジの中央部（銀河中心核）には「**いて座Aスター**」と呼ばれる非常に強い電波を放出する天体が存在する。そこは恐るべきエネルギーが集中する場所でもあり、おそらくは太陽400万個分の質量をもつ巨大ブラックホールが鎮座している（第1章2）。●

6 なぜいろいろな銀河が存在するのか？

銀河どうしの衝突が宇宙進化のカギ

アンドロメダは「星雲」ではなかった

しばしば秋の夜空を見上げる人は、ある幸運な夜にペガスス座――別名〝秋の大四角形〟――とカシオペア座の間に茫《ぼう》と輝く天体を見ることになる。わが銀河系（天の川銀河）の隣人「**アンドロメダ銀河**」である。かすむ周辺部も含めると満月の5倍ほどの広がりをもち、手近な小型望遠鏡でもその渦巻く腕を見ることができる。

かつてこの銀河は「アンドロメダ星雲」と呼ばれ、銀河系の中の天体とみられていた。だがアメリカの大天文学者**エドウィン・ハッブル**は1923年、アンドロメダの内部に薄暗い星がいくつも含まれていることに気づいた。そこでハッブルは、アンドロメダは銀河系の外にあり、銀河系と同じ無数の星々の集合体、すなわち「銀河」だと結論づけた。さらに彼は、それまで星雲と呼ばれていた他の天体の一部もはるか遠方の銀河であることを明らかにした。いまでは星雲はガスやチリが集まった状態を指し、銀河とはまったく別のものとされている。

ハッブルは銀河系外の銀河を発見しただけではない。彼はウィルソン山天文台（カリフォルニア州）の当時世界最大の望遠

図1 ハッブル分類

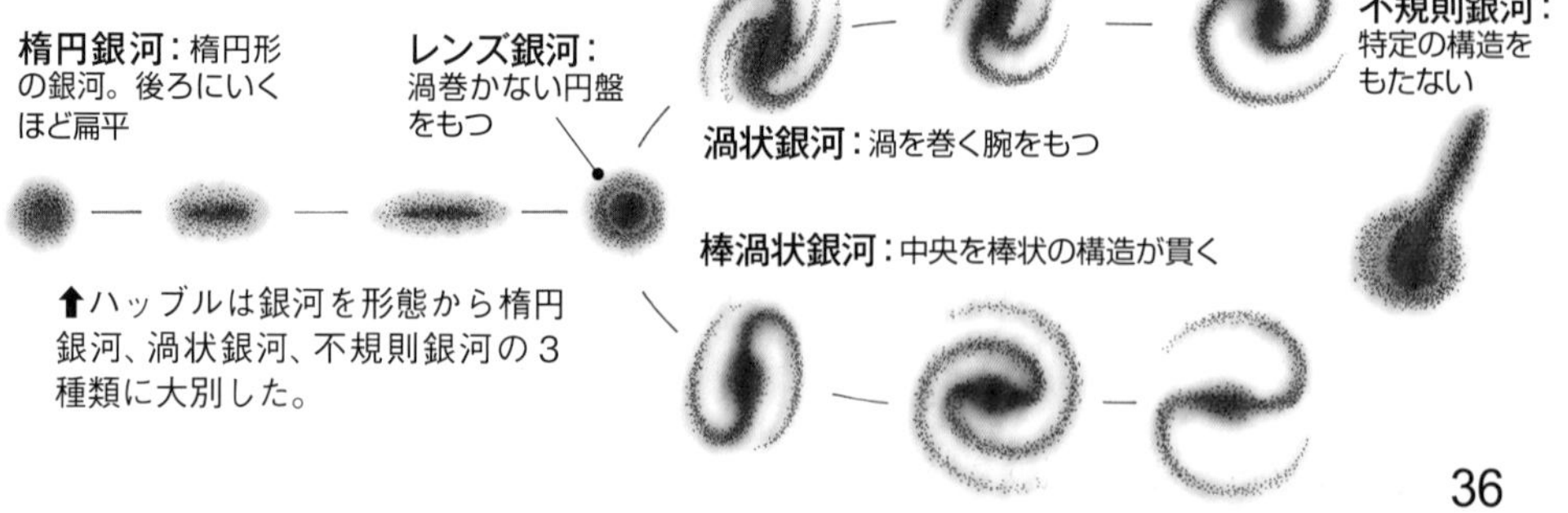

楕円銀河：楕円形の銀河。後ろにいくほど扁平
レンズ銀河：渦巻かない円盤をもつ
渦状銀河：渦を巻く腕をもつ
棒渦状銀河：中央を棒状の構造が貫く
不規則銀河：特定の構造をもたない

⬆ハッブルは銀河を形態から楕円銀河、渦状銀河、不規則銀河の3種類に大別した。

図2 ⬆うしかい座近くの渦状銀河NGC5248（コールドウェル45）。中心部をとりまくリング状構造や腕に点在する赤い部分では星が活発に誕生しているとみられる。ハッブル宇宙望遠鏡による赤外線・可視光・紫外線の観測結果を処理した映像。写真／NASA/ESA/J. Lee (Caltech)/A. Filippenko (UCB)/G. Kober (NASA/Catholic Univ. of America)

鏡でさまざまな銀河をくわしく観測し、1936年にそれらを形の違いによって3つに大分類した。「楕円銀河」「渦状銀河（渦巻き銀河）」それに「不規則銀河」である（ハッブル分類。**図1**）。

楕円銀河はその名のとおり球がややつぶれた楕円球をなしており、まわりに円盤構造をもたない。1960年代のTVドラマ「ウルトラマン」の故郷ともいう「M87銀河」が有名である（ウルトラマンの設定では距離も名称も架空だが）。

これに対し**渦状銀河**は美しい渦を巻く銀河で、冒頭のアンドロメダ銀河やわれわれの銀河系などが典型的だ。渦状銀河の中央部は「**バルジ**」と呼ばれ、楕円銀河に似て厚くふくらんでいる。他方、バルジのまわりで渦を巻く数本の腕はバルジよりはるかに希薄だ。

楕円銀河と渦状銀河の中間が「**レンズ銀河**」。この種の銀河には円盤はあるが渦巻き構造はない。

ハッブルは渦状銀河をさらに、通常の渦状銀河とバルジが棒状に細長く伸びている「**棒渦状銀河**」の2つに分けた。銀河系やとなりのアンドロメダ銀河はこの中では棒渦状銀河に分けられる（34ページも参照）。

星は渦を巻く腕の中で生まれる

ハッブルはこうした形状の違いをもとに、誕生直後の銀河はみな楕円だったと考えた。楕円銀河が回転するうちに周囲が遠心力で平たくつぶれて円盤状となり、ついで円盤の内部が渦を巻きはじめたというのだ。さらにこの渦状銀河が年老いると崩れて形を失い、形が不明瞭な不規則銀河になる――

だがその後の観測から、この見方はむしろ〝逆〟だということになった。大型の楕円銀河は年老いているが、不規則銀河や渦状銀河には若いものが多いからだ。

大型の楕円銀河はおもに老齢の星々の集合体であり、ほとんど新しい星を生み出さない。対して渦状銀河は円盤部分に青く若い星をたくさん含み、これらを包むように大量のガスが存在している。こうしたガスの内部では新たな星が誕生する様子が観測されている。わが銀河系では毎年生まれる星はわずか1～数個とされるが、活動的な銀河では年間10～100個の星が生まれている。

他方、**不規則銀河**には小さなものが多い。これらの銀河には楕円銀河や渦状銀河のような中心部の輝きはなく、銀河全体が大量のガスでおおわれ、生まれてまもない新生児のような星も多い。そこでこうした**小型の不規則銀河は大半が若い銀河**とみられている。われわれの銀河系のまわりをゆっくりと回っている大小2つのマゼラン銀河（マゼラン雲）も不規則銀河であり、いずれにも星を活発に生み出す領域がある。

銀河は銀河と衝突する

では銀河はどのように進化し、楕円や渦を巻く銀河となったのか？

それを知るためのカギが**銀河どうしの〝衝突〟**である。広く宇宙を観測すると、あちこちに衝突銀河が見つかる。昆虫の触角《しょっかく》のような形の銀河（図4）、渦巻きの中に棒が

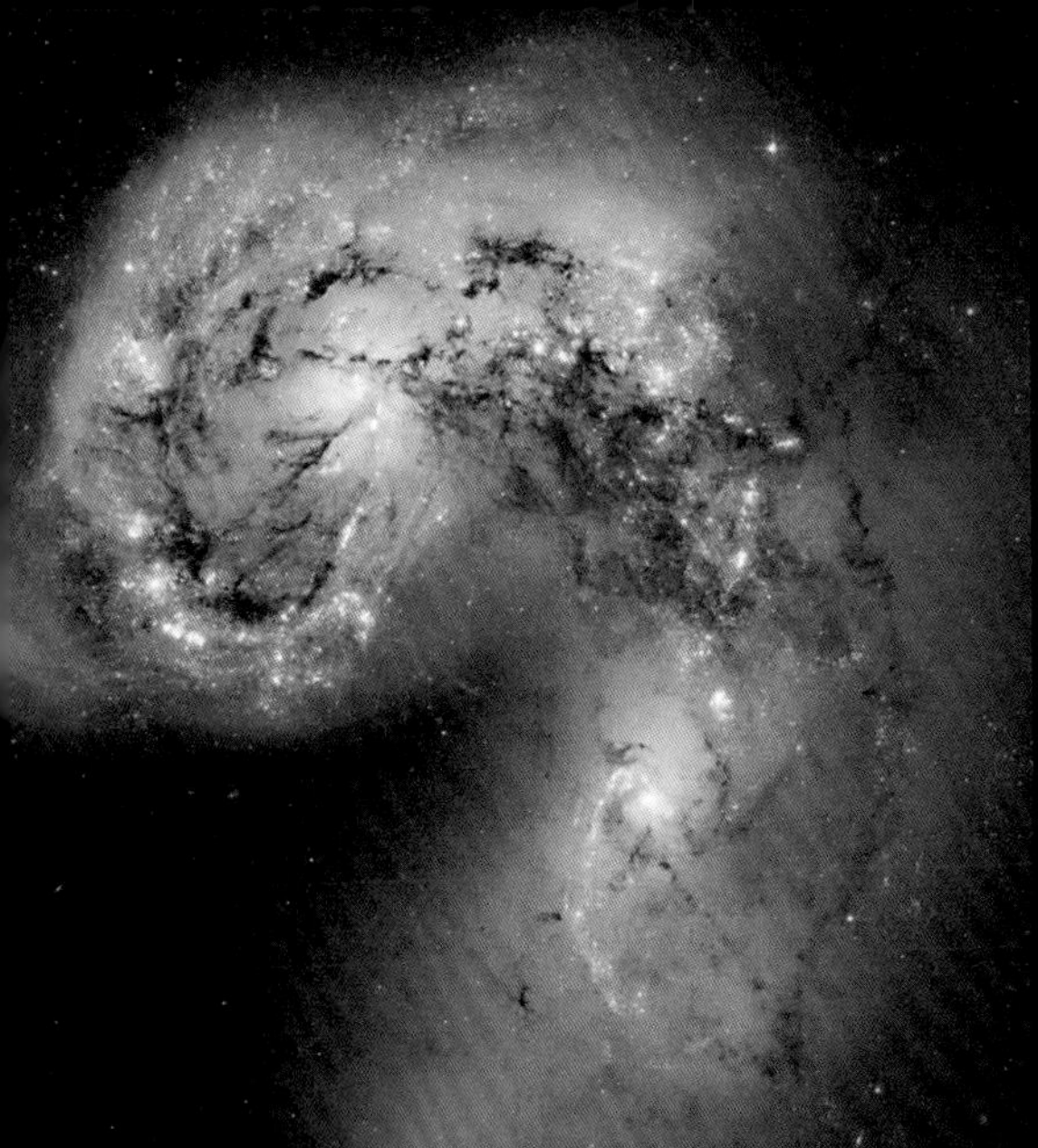

図４⬆２つの銀河がぶつかり合って潮汐力によって形が崩れ、昆虫の触角のような姿になった。銀河の内部では星間雲が衝突・圧縮され、星の爆発的な形成が始まっている。
写真／Hubble Legacy Archive/NASA/ESA/Davide Coverta

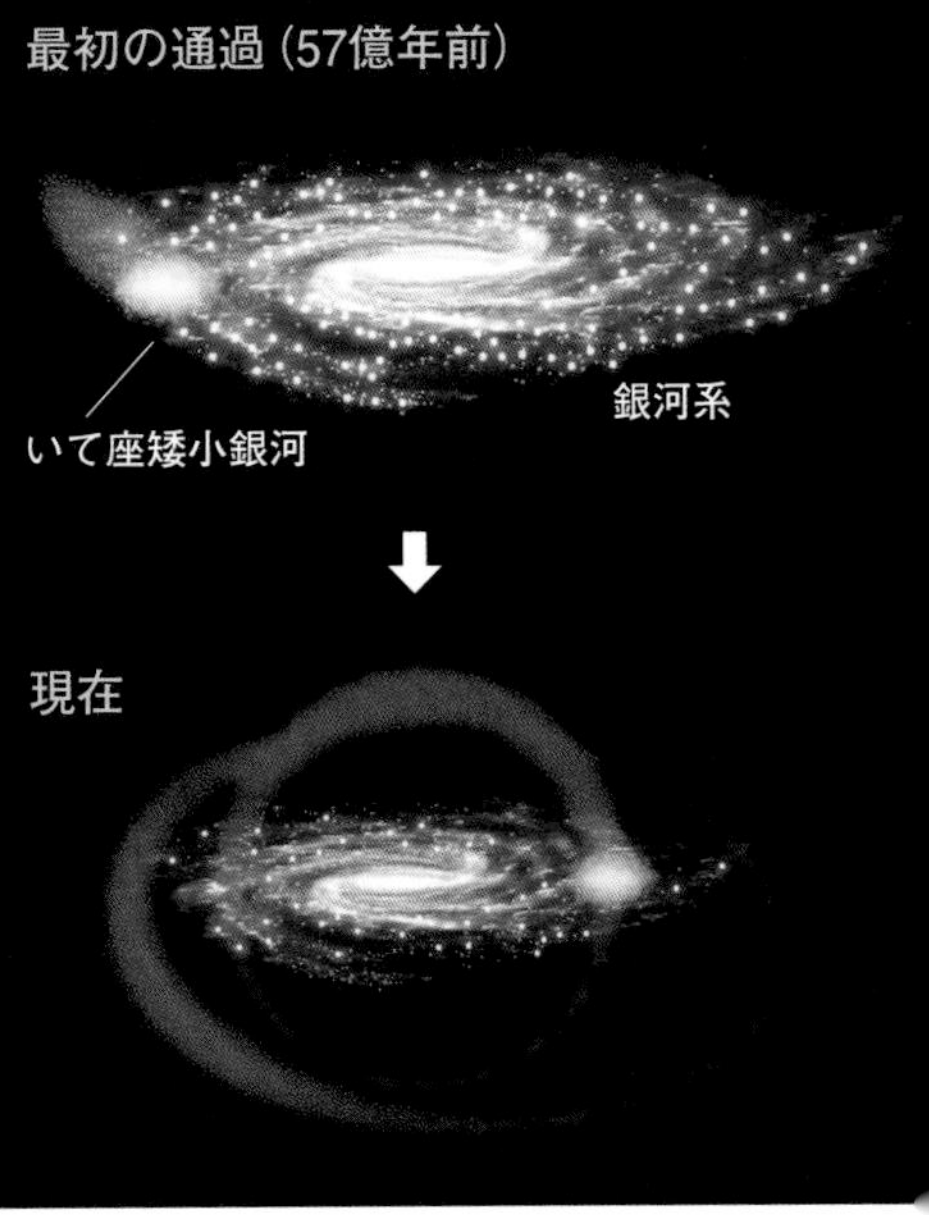

図３⬆いて座矮小銀河は最低３回は銀河系を通過し、銀河系内の星形成をうながしたとみられている。太陽もこの銀河との衝突で誕生した？　図／ESA

突き出ているような銀河、いままさに衝突しかかっている銀河も存在する。これらも特異なタイプの不規則銀河である。

かくいうわれわれの銀河系も、過去に幾度となく他の銀河と衝突したらしい。銀河系のくわしい3次元地図を作ったESA（ヨーロッパ宇宙機関）の観測衛星「**ガイア**」により、100億年前に衝突した小型銀河の名残りらしき星々も発見されている。

現在考えられている銀河の進化のシナリオは次のようなものだ。宇宙の誕生後ほんの1億～2億年で星々が生まれて光を発しはじめ、それらがいたるところで集まって無数の小銀河をつくり出した。だがまもなくこうした小さな銀河どうしは互いの重力によって接近し、衝突・合体した。

銀河の中は実際にはスカスカである。あるデータでは50億立方kmあたり1kg――銀河には何も存在しないと言いたいほどだ。そのため銀河どうしが衝突しても、ほとんど何も起こらずに互いにすり抜けてしまうこともある。

それでも双方の銀河が得るものがある。衝突が星の生成をいっきに活発にさせるのだ。

銀河どうしの衝突では、内部に漂う巨大な星間雲（ガスやチリの希薄な雲）どうしが衝突し、それによって衝撃波が発生する。その結果、ガスが急速に圧縮され、新しい星が次々に生まれる。こうして生まれた星々の中には寿命の短い巨大な星もある（星は質量が大きいほど一生が短い）。それらは生涯の最期に超新星爆発（20ページ参照）を起こし、莫大な量の新しい元素や気体を周辺宇宙にまき散らす。それらは銀河全域に広がって新しい星の材料となるので、銀河はいよいよ活発に星を生み出すようになる——

銀河系も過去に、自らが引き連れている伴《ばん》銀河「**いて座矮小《わいしょう》銀河**」と何度も衝突してはすれ違い、そのたびに新たな星々が生み出された証拠が見つかっている（**図3**）。

銀河はこうして衝突や合体をくり返しながら星を生み出し、かつ全体として大きくなる。また銀河はゆっくり回転しているため、その周囲に腕を伸ばすように薄い円盤をつくって渦状銀河ともなる。この腕の部分はガスやチリの密度が高いため、ここでも新しい星が生まれる。

〝アンドロメダ銀河系〟が出現する

だが銀河は、まわりの銀河と合体してしだいに巨大化するにつれ、衝突・合体の頻度《ひんど》は減り、星を生み出す活動も低下していく。残るは高齢の星ばかりとなり、目立った活動はできなくなる。

こうした古い星ばかりが集まっているのが楕円銀河である。なぜ銀河は年老いると楕円になるのか。人間と同様、もはや突っ張る力もなくなって角がとれたということかもしれない。この種の銀河は形が渦状銀河の中央部（バルジ）と似ており、銀河内の星々の性質も似ている。

かつては、楕円銀河は渦状銀河が進化の過程で周囲の円盤を失った姿だともみられていた。だがこれでは説明できないことも少なくない。近年は、銀河と銀河が正面衝突したときに楕円形になる、あるいは銀河内部の激しい星の形成活動によってその形を変えたなどの説も浮上している。

地球から観測する銀河は静かで美しい。だが近くで観測すれば、それは静的などではなく、星を生み出し、形を変え、進化していく壮大でダイナミックな天体現象であることがわかるはずである。

われわれの銀河系を見ても、それはすでに130億歳を超えており、これまでに他の銀河との衝突や合体をくり返してきた。さらに、20億年後には自らが引き連れている大小のマゼラン銀河を呑み込み、**40億年後にはアンドロメダ銀河と衝突すべく運命づけられている**。そのとき合体して巨大化した〝アンドロメダ銀河系〟は、新たな活力を得て無数の幼い星々を生み出そうとするかもしれない。●

超巨大な銀河集団「スーパークラスター」

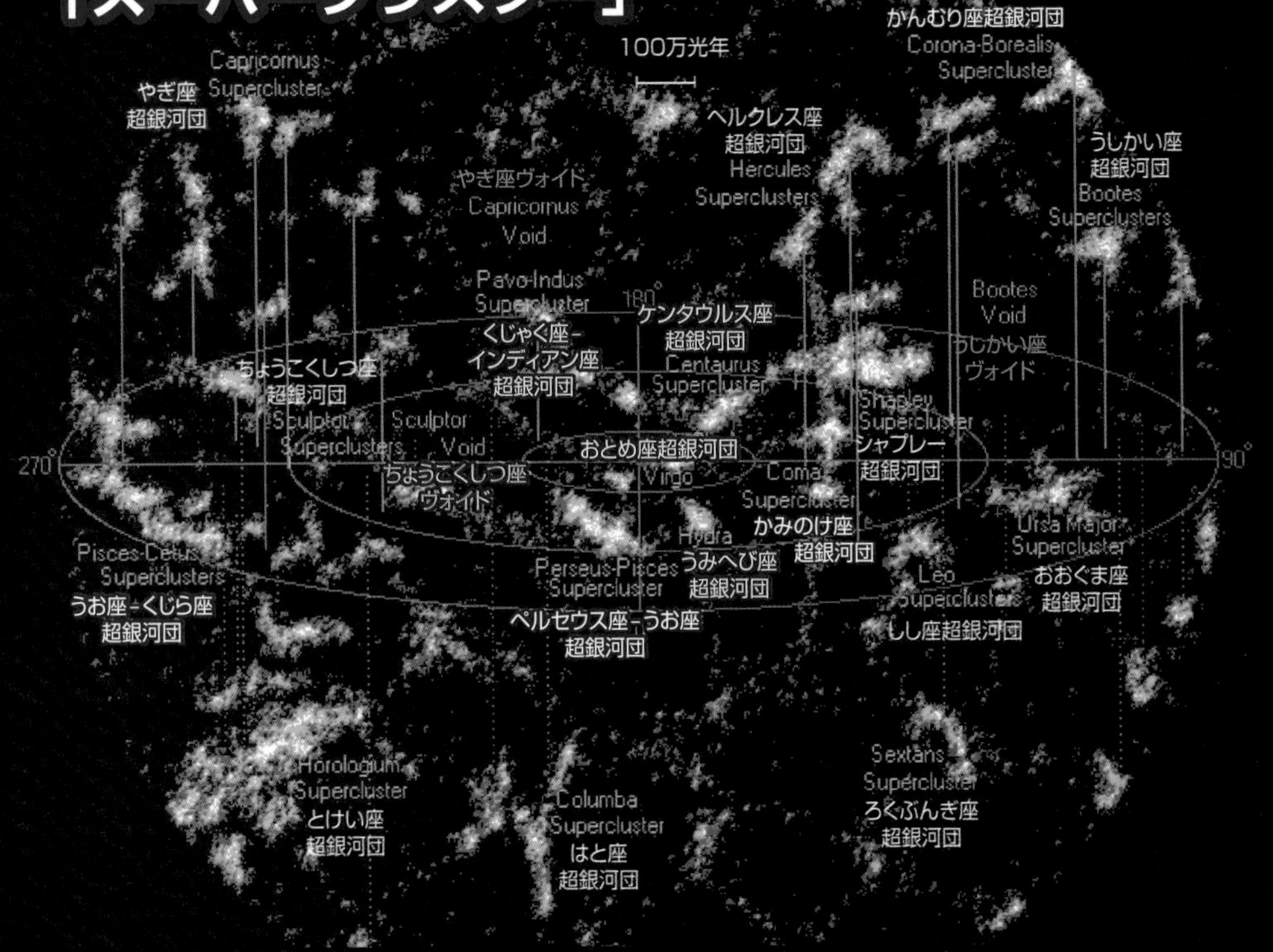

⬆半径10億光年の範囲に存在する超銀河団（観測可能な宇宙の約７％）。図の中央におとめ座超銀河団があり、まわりの銀河団とともに「ラニアケア超銀河団」（黄色）を形作っている。図中右のヘルクレス座超銀河団とかんむり座超銀河団は、実際には100億光年も伸びる宇宙最大のグレートウォールかもしれない。　図／Richard Powell

銀河系（天の川銀河）はただひとつで宇宙を漂っているわけではなく、80以上の銀河とともに「**局所銀河群**」をなしている。おもな顔ぶれは、銀河系とアンドロメダ銀河という２つの大型銀河、中型のさんかく座銀河、それ以外はおそらく矮小《わいしょう》銀河だ。

局所銀河群はさらに、より巨大な「**おとめ座超銀河団（別名局所超銀河団）**」の一員でもある。この超銀河団は、3000もの銀河を擁するおとめ座銀河団を中心とし、局所銀河群のほかにエリダヌス銀河団、ろ座銀河団などが円盤状に集結している。さしわたしは１億3000万光年、全体の質量は太陽の1000兆倍に達する超巨大な銀河集団「スーパークラスター」である。

2014年、このおとめ座超銀河団はさらに大きな超銀河団の一員だとする発表があった。これはハワイ大学のブレント・タリーらが発見したもので、「**ラニアケア**」（ハワイ語で“壮大な天”を意味する）と命名された（**上図**）。

ラニアケアはさしわたし５億光年で10万個もの銀河を含み、その質量はおとめ座超銀河団のさらに１万倍という。これらの銀河はすべて重力でゆるく結びつき、たがいにまとまっている。銀河系はこの超々巨大な銀河集団の片隅ないし辺境に位置している。●

7 「星雲」はなぜあれほど輝くのか？

“星のゆりかご”か“星の墓場”か

星雲は銀河系の残りカス？

過去30年間にわたり、NASAの**ハッブル宇宙望遠鏡**は、はるかかなたの天体の驚くべき映像を地上に送り続けている。とりわけ見る者を驚かせ、感動させずにおかないのがさまざまな「**星雲**」の姿である。

この超高性能の宇宙望遠鏡は地球の周回軌道を飛びながら、かつて誰も想像さえできなかったオリオン大星雲や馬頭星雲（**図2下**）、バラ星雲などの素顔をわれわれに見せてくれた。それらはみな、真夏の夜空をいろどる花火などがとうてい及ばない壮大なスケールと豪華さで、何百万年、何千万年、何億年もの間宇宙をいろどってきた天体である。これらを見たわれわれは、いまさらながら星雲とはいったい何なのかと新たな疑問を抱かずにはいられない。

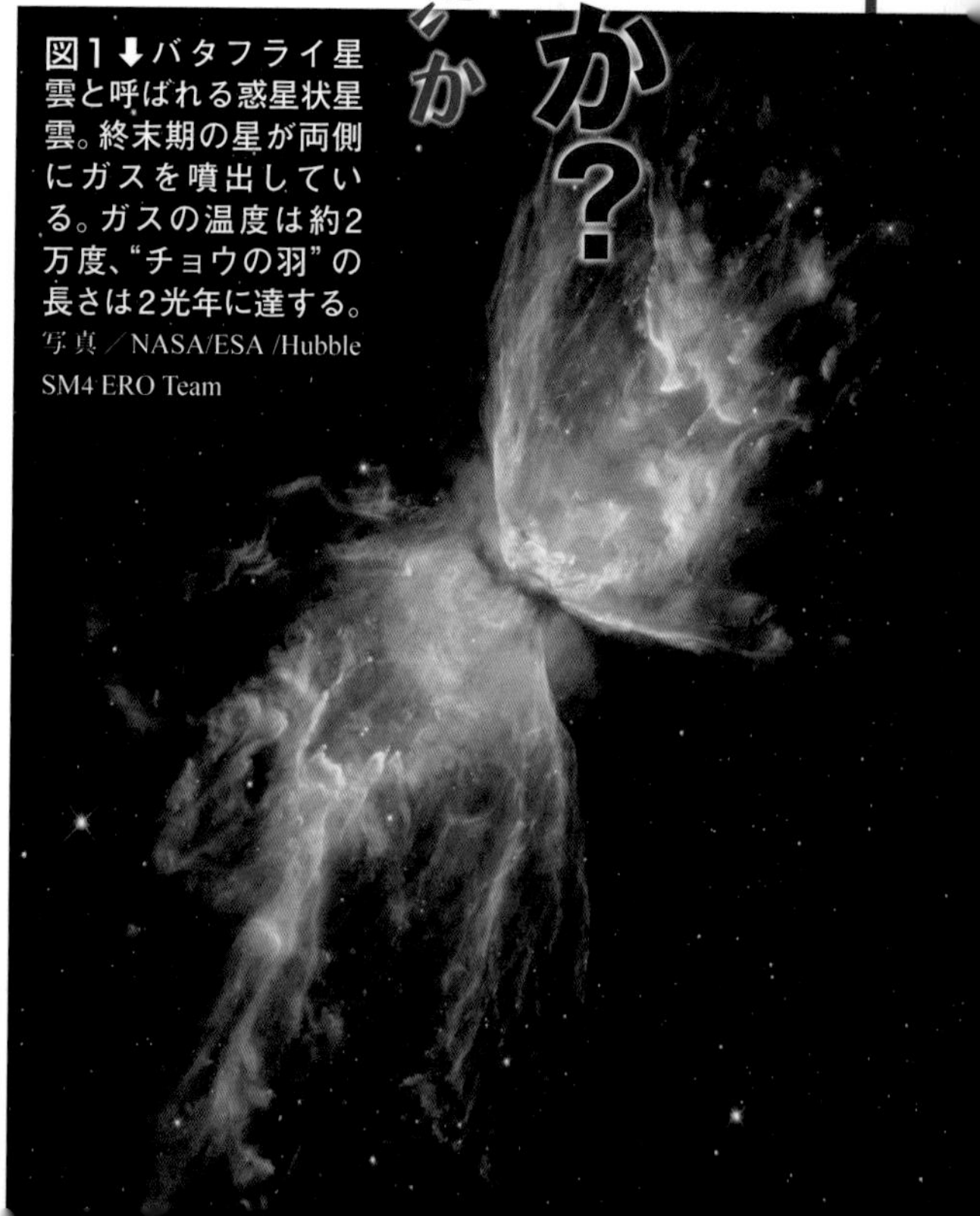

図1⬇バタフライ星雲と呼ばれる惑星状星雲。終末期の星が両側にガスを噴出している。ガスの温度は約2万度、“チョウの羽”の長さは2光年に達する。
写真／NASA/ESA /Hubble SM4 ERO Team

星雲は、宇宙空間に漂う**ガス**（**ほぼ水素90%、ヘリウム10%**）**とわずかなチリ**（**炭素などの重い元素：星間塵《せいかんじん》**）**からなる雲**で、「**星間雲**」ともいう。星雲の大きさは小さいものから大きなものまでさまざまだが、たとえば「タランチュラ星雲」のような最大級の星雲はさしわたしが1000光年にも達する。

星雲を意味する英語“**ネビュラ（nebula）**”の語源はギリ

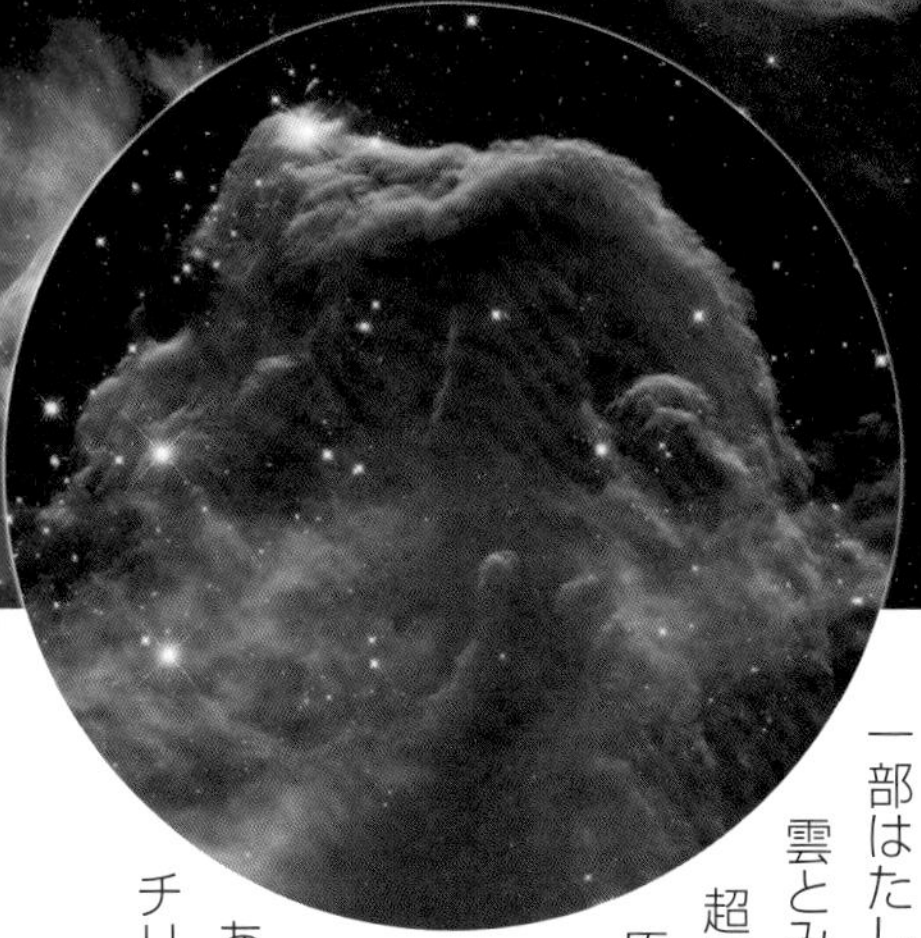

図2 ⬆大マゼラン銀河にある巨大星雲では、質量が大きく明るい星が次々に誕生している。青い領域には酸素、赤い領域には窒素や水素が存在するとみられる。⬅馬頭星雲は有名な暗黒星雲で、可視光では黒々とした馬の頭に見える。映像は赤外線でとらえたもの。　写真／（上）NASA/ESA/STScI（左）NASA/ESA/Hubble Heritage Team（AURA/STScI）

シア語の〝雲〟である。しかし20世紀はじめには、星雲は点状ではないあらゆる天体を意味していた。銀河も周囲がぼうっとにじんで見えたため星雲と呼ばれた。当時の「アンドロメダ星雲」や「マゼラン星雲」などの名称はいまも用いられているものの、これらは現在では「アンドロメダ銀河」「マゼラン銀河」と呼ぶべきものだ。

1920年代にアメリカの天文学者エドウィン・ハッブルがはじめて、これらの星雲は（現在のわれわれが考えている銀河系の中の星間雲のことではなく）、銀河系外の宇宙の巨大な銀河であることを明らかにした。

銀河系の内部には多数の星雲が存在するが、それらがどのようにして生まれたのかはいまだ明らかとは言えない。一部はたしかに星がその生涯を終えるときに生まれた星雲とみられるが、ほかはかつて銀河系を生み出した超巨大なガス雲の残りかもしれず、ほかの未知の原因で生じたのかもしれない。

星雲はなぜ多彩な輝きを見せるのか？

星雲はよく〝星のゆりかご〟などとも呼ばれる。そこではたいてい多数の星が誕生しつつあるためだ。星雲をつくっている濃密なガスやチリは互いの自己重力によってしだいに集まり収縮していく。そこに、内部で星が誕生する際に生じる衝撃波や他の星雲との衝突などが生じると、それがきっかけとなってガスの圧力が高まっていく。そして星雲の中心部の圧力と温度が十分に高まるとついに水素の核融合反応が起こり始め、星が誕生する（52ページ参照）。

　この状態にある星雲の多くは非常に明るく輝く。これは内部で新たに生まれた星が放つ光を外側の雲が反射するためだ。**「反射星雲」**（**図6**）と呼ばれるこのタイプの星雲では青や紫色の光が目立つが、これらの短波長の光が散乱されるためで、地球の海や空が青く見えるのも同じ理由——青や紫色の光は赤や黄色の光より大気中で散乱されやすい——である。**「輝線《きせん》星雲（発光星雲）」**と呼ばれる星雲の場合はこれとは異なる。このタイプの星雲では、生まれたての星が放つ紫外線を星雲内のガスが吸収して特定の波長の光（輝線。**注1**）を放っている。星雲の主役である水素は赤い光を放射するので、「バラ星雲」のように赤く輝く。反射星雲と輝線星雲は同じ星雲内に同居するので、まとめて**「散光星雲」**とも呼ぶ。

図3 星雲の種類

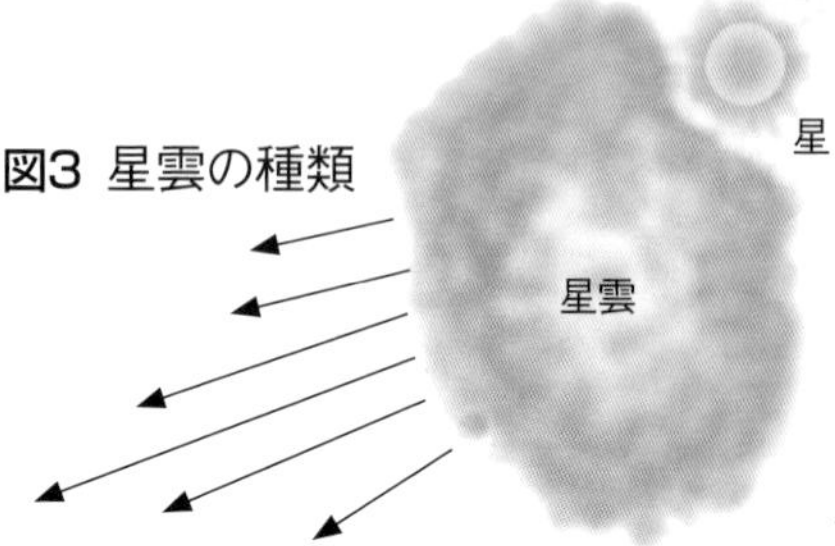

⬆輝線星雲　星が周囲に放つエネルギーを星雲中のガスが吸収し、特定の波長の光（輝線）として放出している。

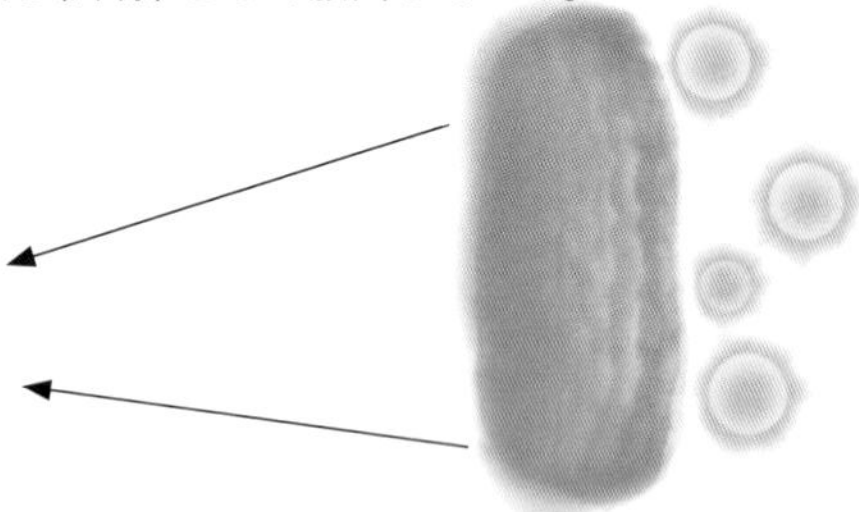

⬆暗黒星雲　濃密なガスやチリが背後の天体の光を隠すため、黒い影として観測される。

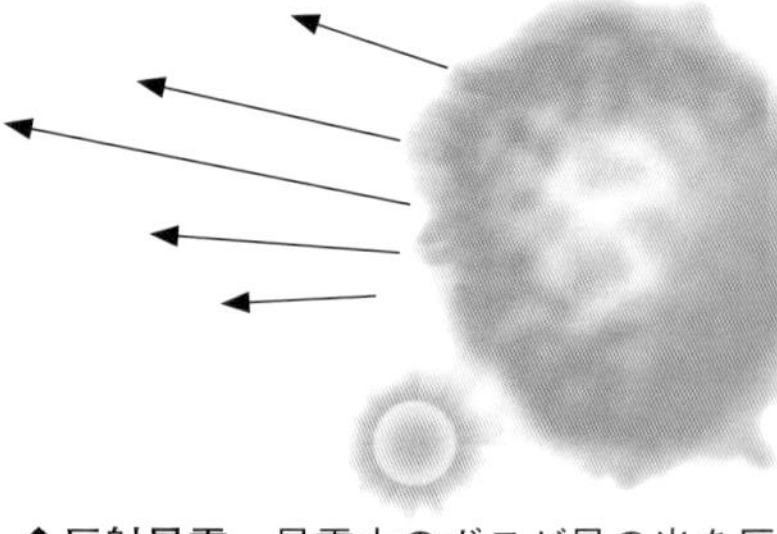

⬆反射星雲　星雲中のガスが星の光を反射して輝く。このタイプの星雲では青や紫色などが目立つ。

図／矢沢サイエンスオフィス

　他方で、馬頭星雲のように黒々とした影に見える**「暗黒星雲」**もある。非常に濃密なガスやチリが背後の星の光をおおい隠しているためだが、実際にはその中で星が生まれつつあることが少なくない。なかには太陽の数百万倍の質量をもつ暗黒星雲もある。暗黒星雲の温度はマイナス170～マイナス260度Cと非常に低く、一酸化炭素やアンモニアなどの分子を大量に含んでいる。

超新星爆発が生み出した「かに星雲」

　他方、星の最期に生まれる星雲は**「惑星状星雲」**（42ページ図1）や**「超新星残骸《ざんがい》」**と呼ばれる。惑星状星雲を高性能望遠鏡で見るとガス惑星（木星のような）を思わせることか

図4⬆NASAのスピッツァー宇宙望遠鏡がとらえたゴジラに似た星雲。赤外線映像を波長ごとに彩色し、星の光は青、チリや有機物の雲は緑、超新星や星に熱せられたガスは赤で示している。

写真／NASA/Spitzer/JPL-Caltech.

ら命名されたが、惑星とはほとんど何の関係もない。

惑星状星雲は、太陽のようなふつうの星が進化の終末段階にさしかかったときに生まれる。星は一生の最期に巨大化して赤色巨星《せきしょくきょせい》となるが、このとき星の中心部から遠ざかった外層にはたらく重力は弱まっていく。他方、星の中心部は重力で収縮し、最終的に白色矮星《わいせい》となる。この途上で、中心部は周囲に高温のガス流（恒星風《こうせいふう》）を送り出す。これによって星の外層のガスは吹き飛ばされ、それは周辺宇宙にリング状に広がりながら惑星状星雲を生み出す。

星の両側に（リング状ではなく）ジェット流が噴出されて生まれる惑星状星雲もある。これまでに1万もの惑星状星雲が見つかっているが、これらの寿命はわずか2万5000年ほどと非常に短い。このような星雲をつくっているガスはしだいに宇宙空間に散逸し消滅するためとみられる。

これに対し、巨大な星が最期を迎えて「超新星爆発」（20ページ記事）を起こし、星をつくっていたガスを周辺宇宙にまき散らした結果として生まれるのが「超新星残骸」で、これも星雲の一種だ。超新星爆発の後には超高密度の中性子星（29ページ記事）またはブラックホール（8ページ記事）が隠れている。生まれたばかりの星雲のガスはこれらの超高密度天体のエネルギーによって非常な高温に熱せられ、もともと周辺宇宙に広がっていた星間ガスなどと衝突してとほうもなく明るい光を発する。

よく知られた超新星残骸に、地球から6500光年の距離にある「かに星雲」がある。明るいフィラメント状のガスは1万5000度にも達するようだ。かに星雲は1054年の超新星爆発で生まれたとされている。鎌倉時代の公家・歌人藤原定家は、星の動きを観測する役目をもっていた陰陽師《おんみょうじ》からこの話を聞き、『明月記』（**注2**）に書き残した。この記録は世界の天文学の世界でも貴重な歴史的資料となっている。●

注1／**輝線**
原子や分子はエネルギーを吸収すると、それぞれ決まった波長の光を放出する。光を分解したスペクトルでは線に見えるため、輝線と呼ぶ。

注2／**『明月記』**
歌人・藤原定家の56年にわたる日記。本人が観察したオーロラ（赤気）のほか、陰陽師寮の記録にもとづく3個の超新星、5個の彗星なども記述している。

8 散開星団と球状星団の決定的な違い

新生児的星団と宇宙の化石的星団

「プレアデス星団」の星々はいっせいに誕生した

平安時代の清少納言の随筆『枕草子』は「春はあけぼの」という書き出しで知られる。もう少し読み進めると今度は「星はすばる」という宇宙に目を向けた表現にぶつかる。彼女が書き記した「**すばる**」は現代的に言えば「**プレアデス星団**」（**図1左**）のことである。冬にオリオン座の右上高く現れる数個の青白い星の集団。条件がよければ肉眼でも5〜6個の星を見分けられる。

プレアデスの名はギリシア神話に登場するアトラスの7人の娘に由来する。実際のプレアデス星団も星としては若い。われわれの銀河系の年齢は130億歳以上、太陽も約46億歳とされているが、プレアデス星団の星々が生まれたのはわずか1億年前である。地球から440光年離れたこの星団のさしわたしは13光年で、星団を構成する星は肉眼で確認できる数よりはるかに多く、いまではその数は3000個以上もあることがわかっている。

プレアデス星団のような数百〜数千個の若い星々の集団は「散開《さんかい》星団」または「銀河星団」と呼ばれる。銀河系内にはほかにもおうし座のヒアデス星団、かに座のプレセペ星団など約1000の散開星団が見つかっており、どれも**銀河系の円盤部分に位置**している。

散開星団の星々は、巨大なガスやチリの雲から同時期に連鎖的に誕生したとみられている。星が誕生する衝撃でガスやチリが圧縮され、それが次の星の誕生を引き起こすためだ。銀河系内の散開星団はどれも非常に若く、比較的古いヒアデス星団でも年齢は6億〜7億年——これは散開星団が銀河系初期には存在しなかったというより、星団の寿命が短いためとみられている。重力でゆるく結びついただけの散開星団はまわりの重力や分子雲との衝突によって星々がばらばらに引き離されて星団ではなくなり、別の新たな星団が星間雲から誕生するというのである。

球状星団の〝エキゾチックな天体〟

図1 ⬅プレアデス星団(左)には大きく若い星が3000個以上も存在する。右はヘルクレス座の球状星団M13。写真／(左)Raul Villaverde Fraile (右) Martin Dufour

散開星団とあらゆる点で対照的なのが「球状星団」である。目のよい人なら肉眼でも観察できるヘルクレス座のM13（**図1右**）などが有名だ。

散開星団の形が乱れているのに対し、球状星団はその名のとおり球形にまとまっている。星の数もはるかに多く、数十万～数百万個が直径100光年ほどに集中している。また球状星団は銀河円盤の中にではなく、はるか外側の**ハロー**（35ページ図2）と呼ばれる部分にある。そのため地球から近いものでも数千光年、なかには30万光年以上離れている星団もある。

星の年齢も散開星団よりはるかに古く100億年以上で、なかには銀河系と同じ130億年以上という星団もある。いわば〝宇宙の化石〟である。銀河系ではこれまでに150の球状星団が見つかっているが、その多くは銀河系の誕生初期に生まれたとみられている。星団内にはガスやチリは少なく、また星の内部には金属がほとんど含まれていない。つまりあまり超新星爆発を経ていないらしいのである（20ページ参照）。とすれば、球状星団の研究によって宇宙初期の姿が垣間見られるかもしれない。

球状星団の内部は、銀河系のどの場所よりも星々が密度高く集まっているとされる。そのため2つの星が互いを公転してる「連星」も多く、なかには白色矮星《わいせい》と中性子星の連星、ブラックホールと白色矮星の連星なども存在する。

最近の観測では球状星団の中心付近には多数のブラックホールが存在するともいう。そこでこうした天体どうしの〝大衝突〟が起こることを期待して、アメリカのLIGO（ライゴ）のような重力波天文台（**注1**）が、球状星団の方角を観測のターゲットにしている。ブラックホールなどの大きな質量をもつ天体どうしが衝突して破壊されれば周辺の重力が乱れ、それが時空を波立たせる「**重力波**」となって地球にも届くはずだからだ。

球状星団はすでに年老いているように見えるが、内部には奇妙な〝エギゾチックな天体〟が多数存在していまも活動を続けており、天文学者にとってそれらの観測は非常に興味深い。●

注1／重力波天文台
一般相対性理論によれば、物体が運動するとまわりの時空が伸び縮みして波のように伝わる。重力波天文台はレーザーを利用して短時間に長距離を測定し、時空の伸縮（重力波）をとらえている。アメリカのLIGO、ヨーロッパのVirgo《バーゴ》、日本のKAGRA《かぐら》などがあり、これらは連携して観測し、天体現象の詳細なデータを得ている。

9 星にはどんな種類があるか？

「質量」がすべてを決める

星となる最少条件

夜空には無数の星々が輝いているものの、それらはどれも似たような星ではない。星々は、知れば知るほど多種多様であることに驚かざるを得ない。

星であるためには条件がある。その条件の下限は質量によって決まり、質量が不足なら星にはなれない。質量がぎりぎりの最小の星は「褐色矮星《かっしょくわいせい》」や「赤色《せきしょく》矮星」であり、他方で最大級の星は「赤色巨星」や「青色《せいしょく》巨星」である。両者の違いはとほうもなく大きい。さらに中性子星とかウォルフ＝ライエ星（**注1**）などという奇妙な星も存在する。星の最期の姿としてのブラックホールも星の一種といえる。

そこでここでは、星の種類（タイプ）と性質を、現代天文学の見方にそって分類してみる。

星の種類① 主系列星

銀河系で観測できる星々の90％は「**主系列星**《しゅけいれつ》」である。主系列星とは、その語が示唆するように主流の星、ふつうの星だ。われわれの太陽や、地球から8・6光年の近距離の星シリウスが代表的である（シリウスは2つの星が互いを回る「連星」で、明るい方が主系列星）。

星の分類法を考え出したのは19世紀末から20世紀はじめの3人の天文学者。ひとりはアメリカの**アントニア・モーリー**で、彼女は星の光の性質（スペクトル）と明るさ（光度＝星が毎秒あらゆる波長の光として放出するエネルギーの合計）の関係を分類したカタログを作った。その後デンマークの**アイナー・ヘルツシュプルング**

注1／ウォルフ＝ライエ星 終末期の大質量星の一種。太陽の25倍以上の質量をもつ青色巨星は、水素の核融合が終了しても赤色超巨星にならず、中心部の強い放射圧により外層のガスを周囲に吹き飛ばすことがある。これにより内部の青白い核が露出した状態を発見者（シャルル・ウォルフとジョルジュ・ライエ）の名にちなんでこう呼ぶ。

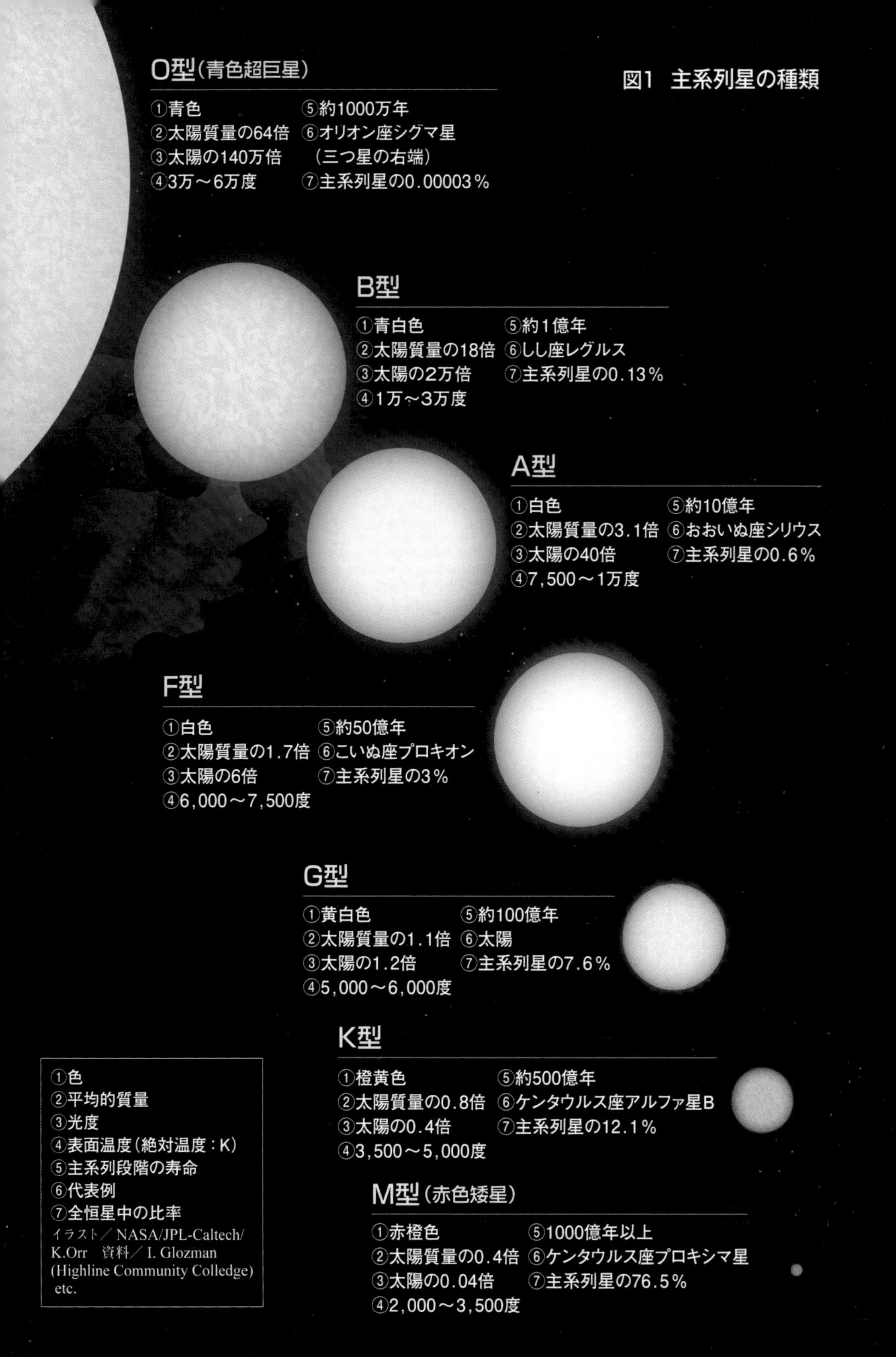
O型（青色超巨星）
①青色
②太陽質量の64倍
③太陽の140万倍
④3万～6万度
⑤約1000万年
⑥オリオン座シグマ星（三つ星の右端）
⑦主系列星の0.00003％
B型
①青白色
②太陽質量の18倍
③太陽の2万倍
④1万～3万度
⑤約1億年
⑥しし座レグルス
⑦主系列星の0.13％
A型
①白色
②太陽質量の3.1倍
③太陽の40倍
④7,500～1万度
⑤約10億年
⑥おおいぬ座シリウス
⑦主系列星の0.6％
F型
①白色
②太陽質量の1.7倍
③太陽の6倍
④6,000～7,500度
⑤約50億年
⑥こいぬ座プロキオン
⑦主系列星の3％
G型
①黄白色
②太陽質量の1.1倍
③太陽の1.2倍
④5,000～6,000度
⑤約100億年
⑥太陽
⑦主系列星の7.6％
K型
①橙黄色
②太陽質量の0.8倍
③太陽の0.4倍
④3,500～5,000度
⑤約500億年
⑥ケンタウルス座アルファ星B
⑦主系列星の12.1％
M型（赤色矮星）
①赤橙色
②太陽質量の0.4倍
③太陽の0.04倍
④2,000～3,500度
⑤1000億年以上
⑥ケンタウルス座プロキシマ星
⑦主系列星の76.5％
①色
②平均的質量
③光度
④表面温度（絶対温度：K）
⑤主系列段階の寿命
⑥代表例
⑦全恒星中の比率
イラスト／NASA/JPL-Caltech/K.Orr　資料／I. Glozman (Highline Community Colledge) etc.

図1　主系列星の種類

図2 ヘルツシュプルング=ラッセル図

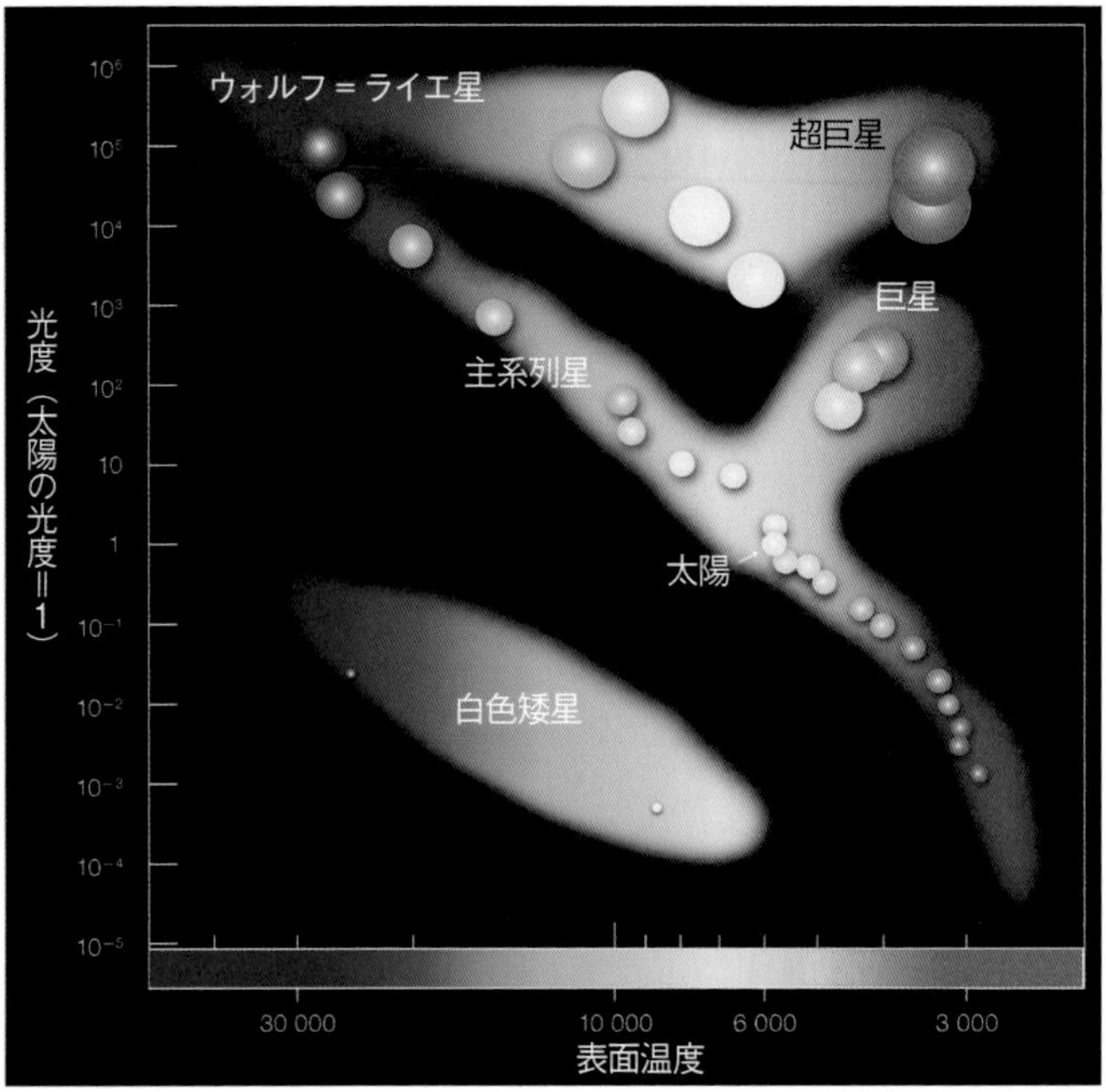

⬅横軸に表面温度、縦軸に光度を示した図。主系列星は右肩下がりの帯状に並ぶ。水素の核融合が終了し、終末期に入った星は右側に移動して赤色巨星になる。イラスト／ESO

やアメリカの**ヘンリー・ラッセル**がこれを分類しなおし、光度を縦軸に、温度を横軸にとったグラフ様の図を作成した。

この**図2**で右肩下がりの帯に乗っている星々が主系列星（main sequence starsの訳語）である。その後広く知られることになるこの図の作成に貢献した天文学者たちの名前から、同図は「**ヘルツシュプルング=ラッセル図**」（略して「**HR図**」）と呼ばれる。

主系列星の7段階

主系列星は表面温度によって7段階に分けられる（前ページ**図1**）。われわれの黄色い太陽は温度の低い方から3番目のG型である。

主系列星の星々はおもに水素とわずかなヘリウムからなるガス球である。その中心部（コア）は自己重力によって超高温・超高圧となっているため、水素が**熱核融合《かくゆうごう》反応**を起こしてヘリウムを生み出している。星はこのときに生まれる莫大なエネルギーを周囲の宇宙空間に放出する（くわしくは58ページ記事）。

主系列星の性質や特徴を決定するのは基本的に質量だけだ。星の寿命や色、毎秒生み出すエネルギーの量などのすべてが質量のみによって決まる。なぜか？

それは、質量が大きいほど星は重力により収縮しやすいからだ。これにより中心部の広い領域が高温高圧になって大規模な核融合が起こる（**注2**）。これは全体として〝星の核融合炉〟が巨大化して水素燃料を大量消費し、余分のエネルギーを熱として放出するプロセスである。その熱が星の表面に運ばれることにより星は輝く（注3。黒体放射《こくたいほうしゃ》）。つまり主系列星の色（＝光のスペクトル）は表面温度をそのまま示している。星の色は温度が高い方から青、白、黄色、オレンジ、赤へと変わる。シリウスのように質量が太陽の2倍なら発生するエネルギーはほぼ10倍、質量が10倍なら発生するエネルギーは1000倍以上となる。

このような**巨大な星は明るく高温だが、燃料が尽きるのも早い**。そのため**星の寿命は質量に反比例して短くなる**。太陽の寿命は100億年とされているが、シリウスは12億年ほどで生涯を終える。太陽の25倍の質量をもつオリオン座の3つ星のひとつに至っては、わずか1000万年で一生を駆け抜けてしまう。

数兆年も生きる「赤色矮星」

前出のヘルツシュプルングは、もっとも赤い星々は太陽よりはるかに明るいものとはるかに暗いものに二分されることに気づき、前者を「赤色巨星」（後述）、後者を「**赤色矮星**」と呼んだ。

赤色矮星は文字どおり赤く暗い小さな星である。このタイプの星はよく主系列星とは別の星のように語られるが、実際にはこれも立派な主系列星の仲間。というより星の数で見ると**主系列星の大半は赤色矮星**である。主系列星の中で質量がもっとも小さいため中心部の核融合は非常にゆっくりしか進まず、その寿命は1000億年以上、無限と言いたいほど長い。だがこの超長寿命は現在の宇宙年齢とされる138億年をはるかに超えるため、いまの宇宙に主系列段階を卒業した赤色矮星はひとつも存在しない。

巨大で短命な「青色巨星」「青色超巨星」

青白く巨大な星は「**青色巨星**」または「**青色超巨星**」と呼ばれ、やはり主系列星とは別扱いになることがある。これらの巨大な星は、赤色矮星とは真逆に寿命が数百万年〜数億年ときわめて短い。そのため、宇宙の時間スケールでは主系列の段階をあっという間に通り過ぎてしまう。

注2／星の中心部が約1000万度に達すると核融合が始まる。その熱エネルギーによって中心部の内圧が高まり、外側が押されて膨張するため、星全体の密度は低下する。そのため、質量の大きな星ほど星の密度は低くなる。

注3／**黒体放射**
すべての波長の光を吸収する物体（黒体）が放出する光のこと。熱的に平衡に達した黒体は、温度によって決まったスペクトル分布を示す。太陽の表面温度は約5500度Cだが、その黒体放射スペクトルのピーク部分が人間に見える可視光に相当する。

星の種類② 星の卵と生まれたての星

生まれたばかりの星や死を目前にした星は主系列星ではなく、したがって〝ふつうの星〟ではない。主系列星の条件は「**核融合によって水素を燃やしエネルギーを放出していること**」だ。これを満たしていない星の卵や誕生直後の星、それに死が迫った星は主系列からは外れる。

「原始星」は星の卵

星の誕生の第1段階は、宇宙空間に集まった水素ガスが自己重力で集合し収縮することである。収縮が進むにつれて中心領域は圧縮され、その際に解放される重力エネルギーによって生じる熱でいくらか輝き始める。しかしこの〝星の卵〟はいまだ核融合を起こしてはおらず、一人前の星以前の星、すなわち「**原始星**《げんしせい》」（**図3右上**）と呼ばれる。

その後、原始星はさらに収縮して「**Tタウリ型星（おうし座タウ型星）**」（**図3左下**）となる。この星が十分に収縮して核融合が始まれば、新しい主系列星誕生の瞬間となる。

永遠に星になれない「褐色矮星」

はじめから終わりまで決して主系列星にはなれない星もある。その名は「**褐色矮星**」、英語では〝ブラウン・ドワーフ〟だ。質量が小さすぎて核融合が起こり得ないのだ。

このタイプの星は、星間ガスが収縮したときに解放される重力エネルギーによって弱い光を放っている。だがこの状態も長くは続かず、いずれは冷え切ってまったく光を出さなくなり、外宇宙から永遠に観測されることのない暗黒天体としての運命が待っている。だが宇宙の星の圧倒的多数がこの褐色矮星とみられる。

星の種類③ 死に行く星、未来のない星

主系列星が核融合の燃料である水素を使い尽くしたとき、それは同時に星の終わりの始まりでもある。このような星はHR図では主系列星から外れ、時間とともに右側へずれていく。くわしくは20ページの記事に譲り、ここでは個々の星々の〝死に方〟を簡単に記述する。

白色矮星に新しい未来はない

星が水素を燃やし尽くして次に**ヘリウム**に火をつけると、星は温度が下がって膨張し始める。この状態を「**赤色巨星**」と呼び、主系列の段階の100倍も巨大になる。

だが赤色巨星は星の進化過程においてはほんの一瞬、せ

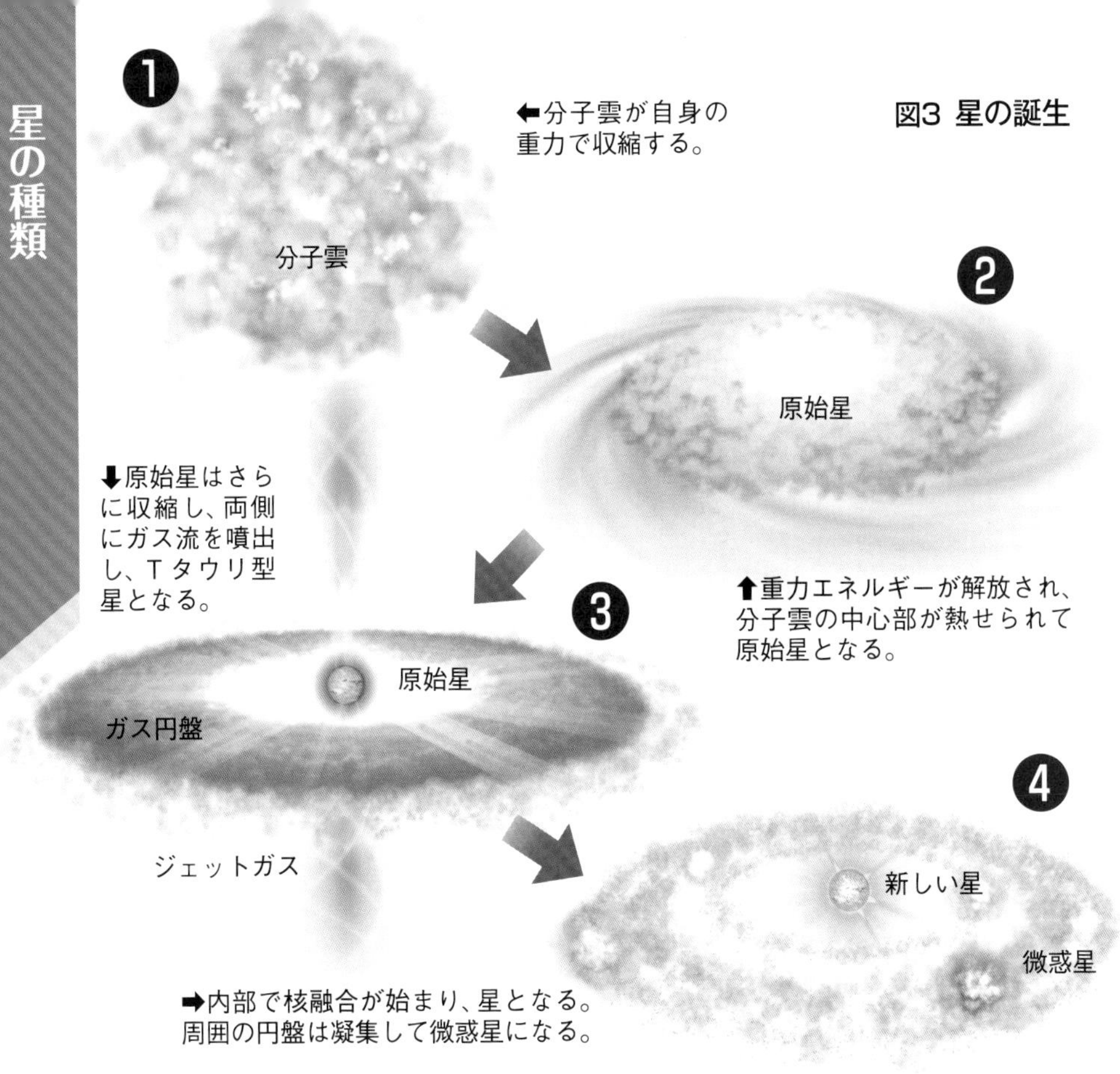
❶
⬅分子雲が自身の重力で収縮する。
分子雲
❷
原始星
⬆重力エネルギーが解放され、分子雲の中心部が熱せられて原始星となる。
⬇原始星はさらに収縮し、両側にガス流を噴出し、Tタウリ型星となる。
❸
原始星
ガス円盤
ジェットガス
❹
新しい星
微惑星
➡内部で核融合が始まり、星となる。周囲の円盤は凝集して微惑星になる。

図3 星の誕生

いぜい数百万年にすぎない。ヘリウムの燃焼が続く間に外層のガスは宇宙空間に流れ出し、中心部の核だけが残る。その核もヘリウムが燃え尽きると、おのれの重力で中心に向けて**重力崩《ほう》壊《かい》**を起こす。こうして最後は小さくて重い**白色矮星**となる。直径1万㎞ほどの白色矮星は、何千億年、何兆年とも知れない未来を静かに存在し続けることになる。

中性子星は巨大星の亡骸

太陽よりはるかに大きい青色巨星は、水素の核融合が終わって終末期に入っても、しばらくは青白い状態を保つ。だがしだいに温度が下がってオレンジ色になり、ついには「**赤色超巨星**」へと変貌する。

とてつもなく巨大なこの星の核融合が停止すると、最終的にはおのれの強大な重力に負けて内側へと崩壊し、その反発で星の外層は宇宙空間に向かって「**超新星爆発**」を起こす（第1章3）。その後には**中性子星**または**ブラックホール**が星の亡骸《なきがら》として残される（第1章1、4）。●

10 星、惑星、衛星はどう違うか？
地球は〝星〟ではない

そもそも星はどんな天体？

これは、宇宙に興味はあるがいろいろな用語や言葉が出てくるので混乱するという人々の疑問に答えるための初歩的なトピックである。初歩的理解が足りないと他のトピックに進むことが難しい。ただし知識のある読者はスルーするという前提である。

その疑問とは、星、惑星、衛星はどう違うのかというものだ。日本のメディア、とりわけ公共放送たるNHKが平然と誤用している用語についても触れたい。

まず星は正しくは「**恒星**《こうせい》」である。英語ではスターだ。われわれの太陽がもっとも身近な事例で、銀河系だけでも何千億個、宇宙にはその何千億倍、何兆倍もの太陽のような星が存在する。太陽は星としてはありふれたサイズと質量である。星の中には、ケフェウス座のガーネット星（赤色超巨星《せきしょくちょうきょせい》）のように直径が太陽の1500倍以上、光度が35万倍というとほうもなく巨大なものもある。これは双眼鏡で見えるまれな恒星だが、大きな星のつねで寿命は非常に短い。いまわずか1000万歳だが、超特急で一生を終える運命にある。

宇宙の主役である星の定義は、その内部で「**核融合反応によって莫大なエネルギーを生み出している天体**」である。核融合によってエネルギーを生み出し、超高温によって膨張力を維持しなかったなら、太陽は（他の星も）自らの重力によっていっきに中心に向けてつぶれてしまう（重力崩壊《ほうかい》）。核融合反応が星を〝巨大なガス球〟に保っている。

太陽の場合、核融合反応が生み出した熱エネルギーは、中心部から半径約70万km——地球と月の距離の2倍近い！——を伝わって表面に到達すると、最終的に熱と光として宇宙空間に放出される。われわれが夜空を見上げると無数の星が輝いて見えるのは、こうして熱と光が放出されているからだ（太陽はあまりにもわれわれに近いので昼間でも直視できないほどの熱と光を地球に届けているが。太陽については第2

章参照)。

惑星は星ではない

日本のテレビやアニメなどではしばしば地球のことを〝わが母なる星〟などと呼んでいる。NHKの科学番組でさえ地球を星と呼ぶのを見ると、科学情報を扱う者として情けなくなる。筆者は地球を星と混同して呼ぶ国を日本以外に見たことがない。

他国では小さな子どもでさえその違いを認識している。英語圏なら星は「スター」、地球のような惑星は「プラネット」と別のものとして幼児期から身についている。日本では成人でさえしばしば星と惑星の区別がついていない。宇宙の天体をみな〝夜空のお星さま〟などと呼ぶ幼児的視野から抜け出せないようである。

ひとつの理由は、日本語では惑星に〝星〟という文字を当てていることにもありそうだ(後述の衛星も同様である)。宇宙に浮かぶものは何であれ星ですませるといういい加減さが、科学的理解の妨げになっている。

さてプラネットすなわち**惑星とは、星のまわりを公転している天体、それも星よりはるかに小さな天体**のことだ。宇宙に独立しては存在しない。わが太陽の場合には、水星、金星、地球、火星、木星、土星、海王星など8つないし9つの惑星が太陽に引き連れられ、太陽を公転している(近年、惑星の数については議論があって定まっていない)。いずれにせよこれらはまったく星ではない。

遠い宇宙の星々のまわりを回る小さな天体もみな惑星である。しかし宇宙の星々がつねに惑星を引き連れているということではない。すべての星のほぼ30%が惑星を持っていることはたしかだが、その他については確認されていない。**惑星は光を発しない**ので、何百光年、何千光年も離れた星に惑星があるか否か見分けることが非常にむずかしいのだ。

惑星は、太陽が誕生するときにその周辺にとり残されたガスやチリから生まれた。太陽に近い水星や金星、地球、火星はおもにチリが集まった岩石でできているので「岩石惑星」と総称される(火星の公転軌道の外側には無数の岩石質の小惑星も公転している)。その外側の木星、土星、天王星などはおもに

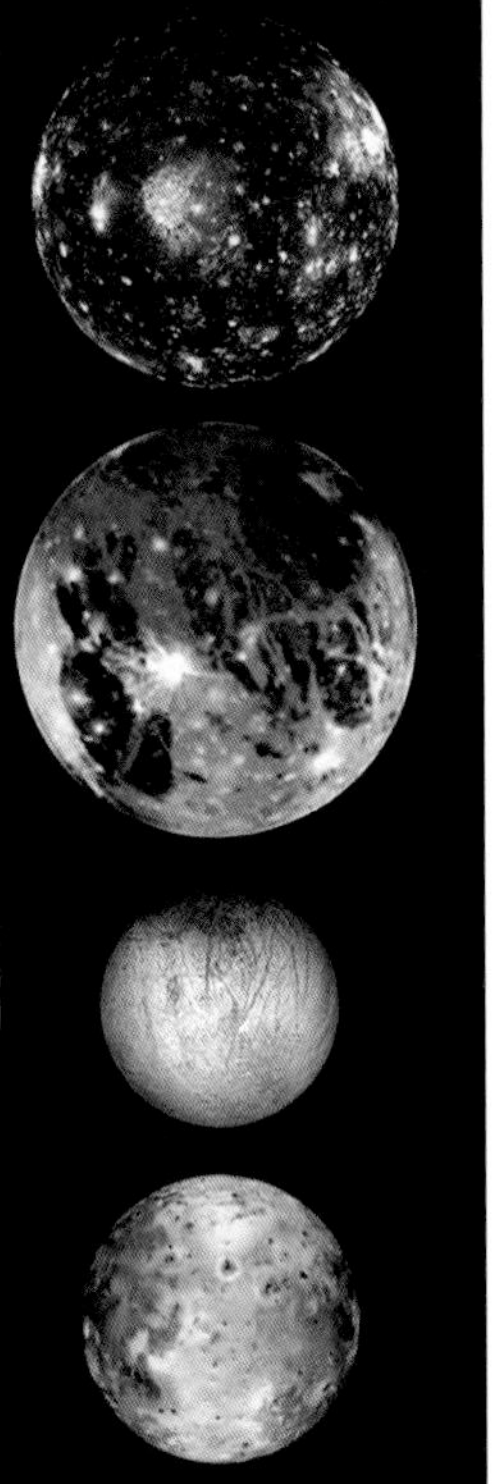

図1 ⬆木星の4個のガリレオ衛星。上からカリスト、ガニメデ、エウロパ、イオ。
写真/NASA/JPL/DLR

ガスでできており、「ガス惑星」と呼ばれる。

ガス惑星は直径も質量も地球などの岩石惑星よりはるかに大きい。木星は半径が地球の約11倍（6万9911㎞）で、質量は地球の約318倍もある。土星は半径が地球の9倍（5万8232㎞）、質量が地球の95倍以上である。とりわけ木星は惑星としては特大で、もう少し質量が大きければ中心部で核融合反応が起こったかもしれず、「星になり損ねた惑星」などとも言われるが、ちょっと大げさである。

もともと太陽系内に存在したものの、木星や土星のような大きな惑星の重力に引きずりまわされて太陽系の外の宇宙に投げ出された惑星もあったとみられる。これらは永遠に行方不明となり、いまも宇宙空間を漂っているのであろう。

少なくとも成長期の子どもや常識人の前で地球や金星や火星を〝夜空の星〟などと呼ばないようにしなければならない。星はロマンだからそれでいいじゃないかなどと言うのはごまかし、逃げ口上だ――これは宇宙の理解のイロハのイである。

衛星と人工衛星

身近な3番目の天体は**衛星**である。夜、われわれの頭上をめぐっている月は衛星の典型だ。

衛星（英語ではサテライト）は、多くの惑星が引き連れているいわば太陽の孫のような天体である。地球の月だけをムーンと呼んで別物扱いしているのは、人間と月との長いつき合いの歴史ゆえである。

月は別として、太陽系惑星が引き連れている衛星をはじめて観測したのは、中世イタリアの物理学者ガリレオ・ガリレイである。彼は自作の望遠鏡で木星をめぐる4個の衛星を発見し、後にこれらは「ガリレオ衛星」（**図1**）と呼ばれるようになった。いまならわれわれも身近に手に入る望遠鏡で観測できる。

だがガリレオ以後、非常に多くの衛星が発見された。おもな衛星（惑星のまわりを安定的に回っている衛星）だけでも、火星には2個（フォボスとダイモス）、木星には大きなもの8個（その他を含めると79個）、土星には83個、天王星にはおもな5個を含めて27個が確認されている。さらに海王星は14個、準惑星の冥王星は5個である。

これらの衛星の中には、土星の衛星タイタンのようにサイズが大きく、大気と海が広がっており、生命存在の可能性が論じられているものもある。

ほかに、現在の地球の周回軌道を何千、何万の人工物体が回っているが、これらの〝人工衛星〟もサテライトと呼ばれるので、本来の衛星と混同されがちである。今後、人工衛星から発展した宇宙ステーションのような施設が、太陽系の中で増えていく可能性もある。人類文明の〝宇宙化〟である。●

第2章
太陽と太陽系惑星
The Sun and Planets

1

太陽はいま何歳で、いつまで生きるか？

われわれの母なる太陽の素顔

太陽はいつどのように誕生したか

地球で生きる人間も他のすべての生物も、太陽が存在しなければ1秒も生きられない。太陽は太陽系のすべての惑星や衛星の母であり絶対的保護者である。そもそも太陽なしには太陽系惑星も存在しなかった。

だがわれわれはよくその事実を忘れ、太陽の光を嫌って（日焼けしたくない？）日陰に逃げたがる。夏には建物の中を冷房してそれが快適だと思いたがる。人間は太陽のエネルギーによって生きながら太陽のエネルギーを忌避《きひ》する矛盾した生き物である。

ここでの疑問は、われわれの頭上に輝く太陽――頭上といっても1億5000万kmのかなただが――はいつどのように生まれ、いま何歳で、年をとるとどうなるのかである。

太陽は宇宙ではありふれた星（恒星《こうせい》、スター）のひとつだ。星は大きさ（質量）と進化の段階によってさまざまに分類されるが（第1章9参照）、太陽はその中でもとりわけ平均的でありふれた星だ。宇宙を見渡せば太陽によく似た星は何千億、何兆も存在する。だがここではわれわれの太陽にのみ注目し、1個の星としてのその一生を眺めてみる。

太陽は、そのまわりに引き連れている地球などの惑星系とともに46億年前に誕生した（後述）。突如生まれたわけではない。このあたりの宇宙に広大に漂っていた**原始太陽系星雲（ガスとチリの巨大な雲）**がいわば原材料となった。

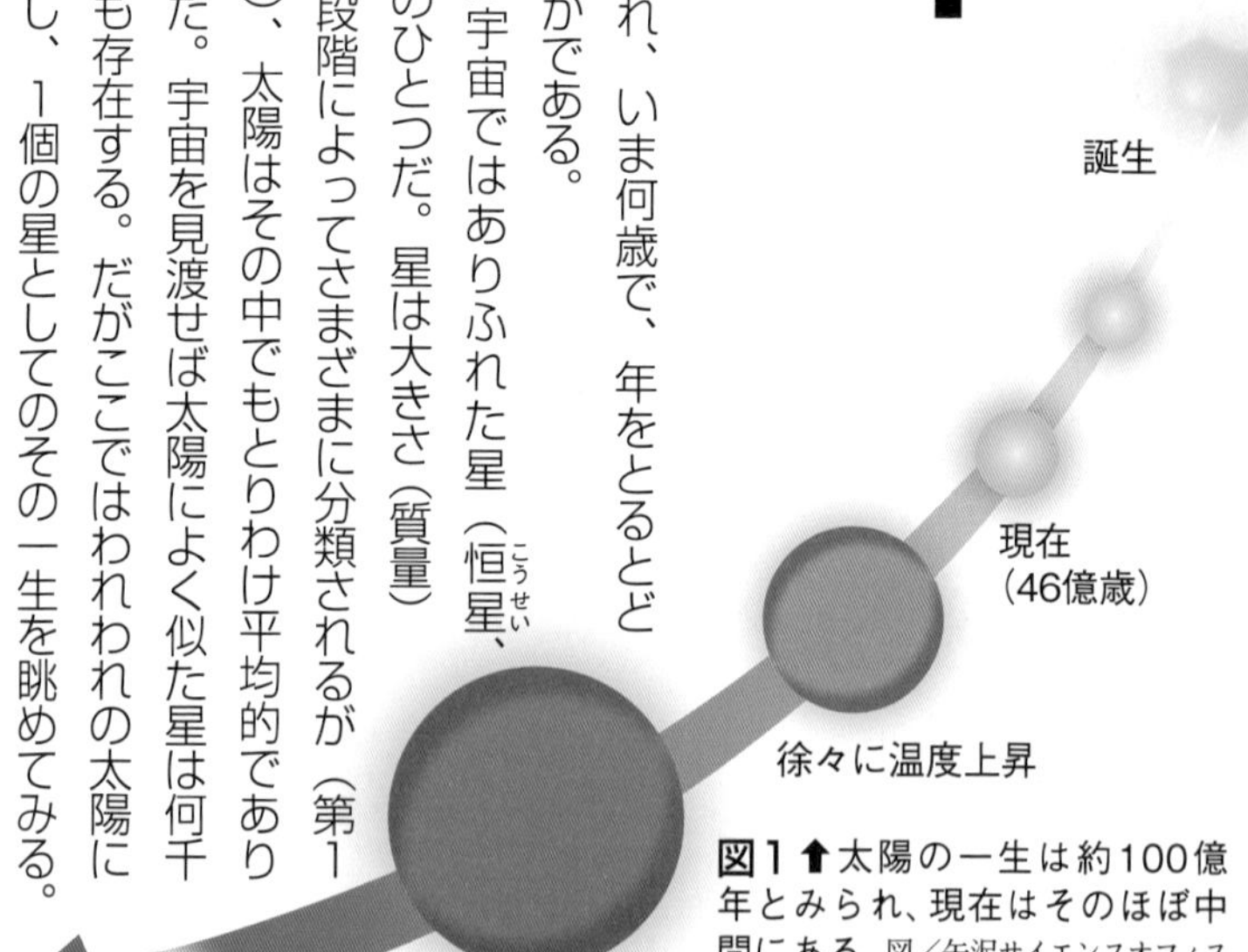

図1 ⬆太陽の一生は約100億年とみられ、現在はそのほぼ中間にある。図／矢沢サイエンスオフィス

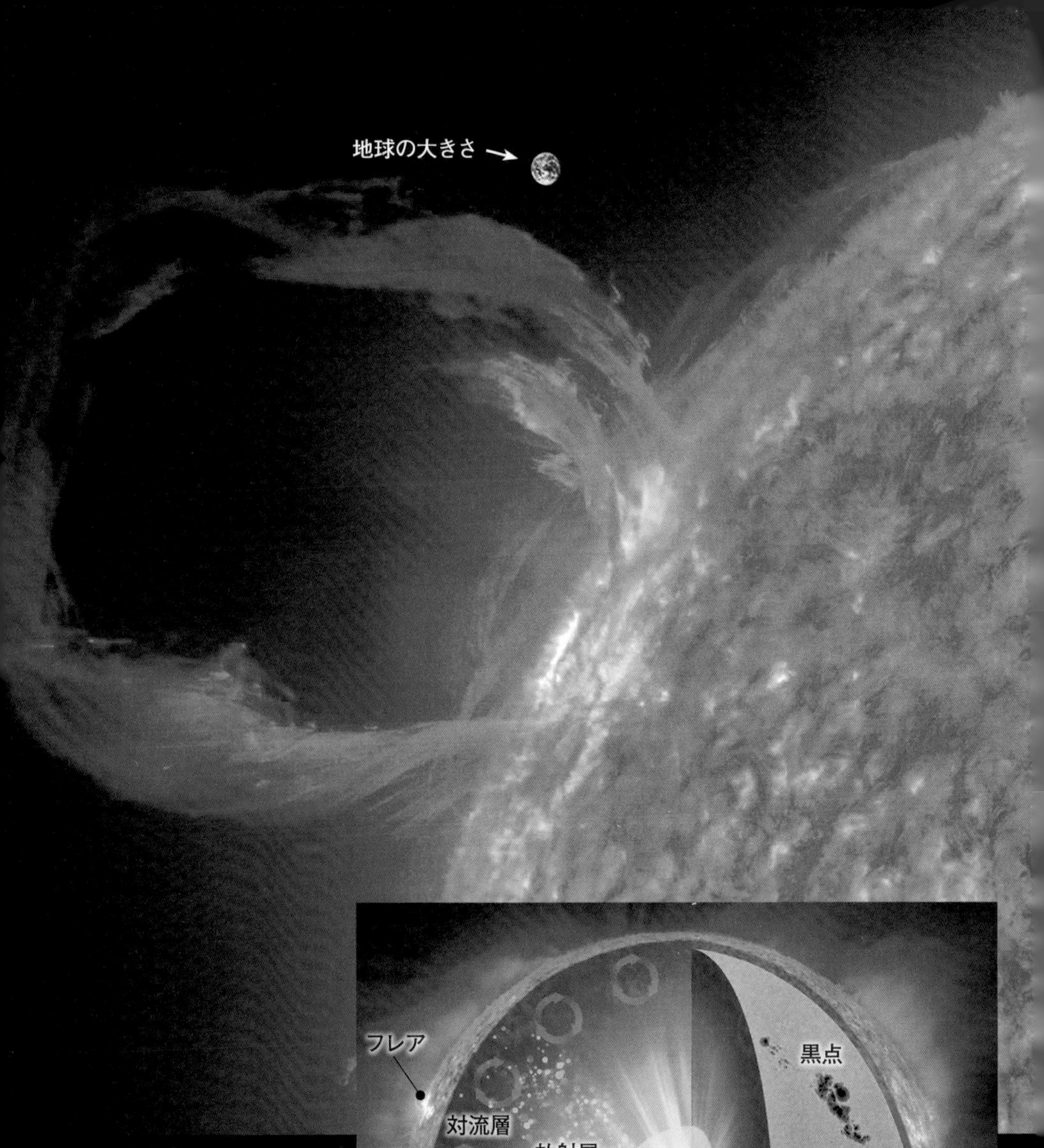

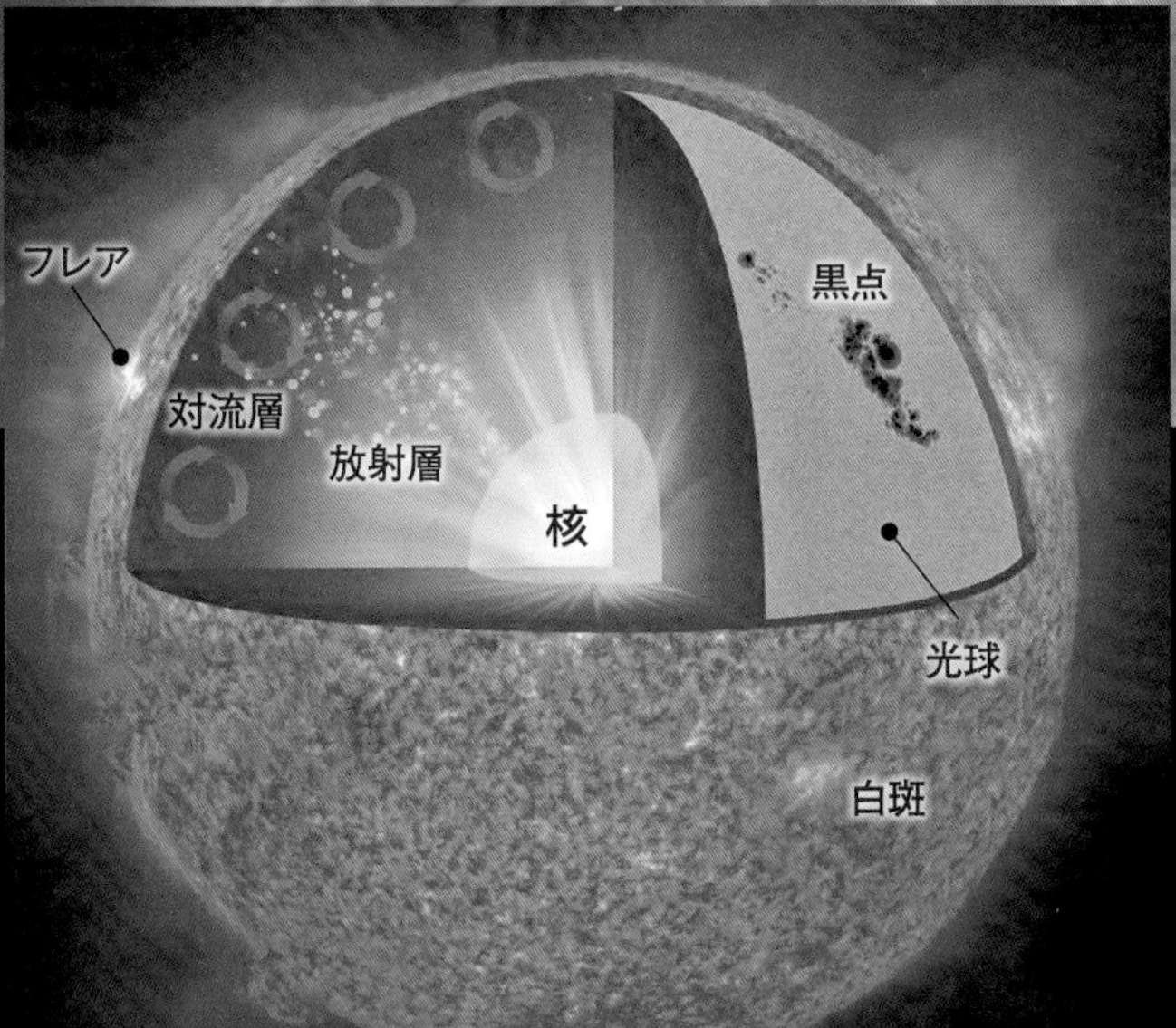

図2 ⬆太陽表面からループを描いて高温の太陽外気（コロナ）の中を立ち上がるプロミネンス（紅炎）。磁場に沿って放出されるガスの塊で、高さは数十万～100万kmにも達する（大きさの比較のため地球を描いた）。太陽磁場のねじれのためわずか1日で生まれて外に突き出し、数カ月も留まることがある。

写真／NASA/SDO 図／NASA/ Jenny Mottar

あるとき何十光年か離れたところで**超新星爆発**（第1章3）が起こった。このとき、超新星が発生させた衝撃波が原始星雲にも押し寄せたため、この星雲はかき乱されて崩壊し、自らの重力によって一カ所に集まり始めた。そして、その中心部に大量に集まったガスやチリがしだいに収縮して〝赤ん坊の太陽（**原始太陽**）〟が姿を現した。これは宇宙の**星々の標準的な誕生のしかた**である。

原始星が生まれるまでに要する時間はその質量によって異なる。われわれの太陽の質量はkgで表すと198万8500kg×10の24乗（24乗は1兆×1兆乗）kgである。見当もつかない大きさだが、地球33万3000個分といえばわかりやすいだろうか？

この質量のガスやチリが集まり始めてから原始太陽が生まれるまでには5000万年ほどかかった。これは宇宙にあってはつかの間とも言える短い時間である。

このとき原始太陽のまわりでは、太陽の一部になれなかったガスやチリや岩石などが薄い円盤状をなして公転《こうてん》しはじめた。そしてこの中で地球を含む8個（ないし9個）の惑星や無数の小惑星などが誕生した。

こうして生まれた太陽系では、太陽だけで太陽系全体の質量の99・86％を占めることになった。惑星などすべてをかき集めても残りのわずか0・14％にしかならない。われわれはことさらに〝太陽系〟と呼ぶが、実質は太陽とそのまわりにとり残された残渣《ざんさ》といってよいほどである。

水素の核融合反応

ところで、前記したように太陽がいまから46億年前に誕生したとなぜわかるのか。

宇宙の個々の星の年齢を推定するのは容易ではない。同じグループ――たとえば散開《さんかい》星団や球状星団に含まれる星々――はほぼ同じ時代に生まれたらしいなどの見方はある。しかしながら太陽はこのどちらにも属してない。そこでかつては、もっと広い宇宙全般の観点から太陽は50億年くらい前に生まれたらしいと推測されていた。

だが20世紀後半に入ってから、やや具体的な年齢推定の手段が手に入った。NASA（アメリカ航空宇宙局）が1960～70年代にアポロ計画で月に送り込んだ探査チームが地球に持ち帰った月の岩石や、地球に落下した隕石が手がかりになった。これらは太陽系誕生とほぼ同時代に生まれた、つまり太陽系の最古のカレンダーと考えられたのだ。

そこで岩石学者が放射性同位元素を用いてこれらの岩石の年代測定を行ったところ、その結果が46億年だった。さらに、太陽光のスペクトルから水素がどのくらい燃焼されたかを調べても46億年となった。つまり**太陽も太陽系惑星もほぼ46億年前に誕生した**とするひとつの根拠が得られたのだ。

太陽系の誕生からこれまで46億年の間に、惑星も大きく変化した。地球のとなりの**金星**は分厚い二酸化炭素の大気に包まれて、地上温度が４６０度Cという高温になった。**火星**は初期の水や大気の大半を失っていまでは乾燥した極寒の世界となっている（近年次々と探査機が着陸しており、人間が降り立つ日も遠くないとみられる）。他方、**土星**や**木星**は巨大なガスの球体（ガス惑星）のままであり、その内部はいまだほとんど明らかではない。

太陽は、惑星群がこうして独自に変化する様子などはおかまいなしに、**自らは核融合によって燃料の水素を燃やし続けている**。太陽をつくっているガス状の物質の75％は水素である。このうち中心部の水素が太陽自らの巨大な重力によって圧縮され、そこでは〝毎秒４３０万トン〟の水素が核融合反応を起こしてヘリウムに変わっている。この反応の過程で生み出された余剰エネルギーが、われわれが日々見るように太陽全体を真っ赤に燃え上がらせている。

太陽はこれほどの燃料消費とエネルギー生産を46億年も続けている。中心部で生み出されたそのエネルギーは何年もかけて太陽表面に届き、そこから光となって宇宙空間に放出される。そのエネルギーのあまりにも小さな一部が地球にも届いて、海や川の水を液体に保ち、大気の平均温度を15度Cほどに安定させることで、人間をはじめとする地球の全生物を生かしている。

だが太陽は、地球などの惑星との関係には完全に無頓着である。惑星の側から太陽に対してはほとんど何の影響も及ぼさない。惑星があろうとなかろうと太陽は自ら存在する。太陽の老化や寿命はもっぱら太陽内部の水素の消費速度に依存しているからだ。

天体物理学者の計算では、現在46億歳の太陽は星の壮年期で、一生の半ばに差しかかっている。そして老化が進んで寿命が尽きるまでにさらに50億年ほどの時間がある。つまり太陽の一生の長さは約１００億年ということになる。

太陽が老化して死に至るとき

さて、いまから30億年くらい経つと太陽は水素燃料をかなり消費し、しだいにその姿に変容をきたす。人間が年をとると体が衰えていくようにである。

このころになると太陽の内部では水素燃料が徐々に不足していき、太陽はそれまで数十億年も続いた星の安定期から外れていく。核融合反応でつくられたヘリウムが中心部に蓄積し、そのまわりをとり囲む水素が何とか核融合を起こしている状態となる。ここまでくると、もはやそのエネルギーと高温が生み出す膨張力で太陽自身の巨大な重力を支えることはできなくなる。そして中心部はますます圧縮され、他方外側のガスは外へ外へと膨張しはじめる。

この段階になると、太陽は何千万年、何億年もの時間をかけながら、われわれの想像を超える巨大で高温かつ希薄なガス体となって膨張する。膨張はとどまるところを知らず、その外側は太陽にもっとも近い第1惑星水星の軌道を呑み込み、さらにその外側の第2惑星金星の軌道をも乗り越えて、ついには第3惑星であるわが地球をも呑み込んでしまう。

推定では太陽の表面は地球軌道と第4惑星火星の軌道の中間あたりまで達する。さしわたし3億数千万㎞というおそろしく巨大なガス球の出現である。呑み込まれた水星や金星や地球はそれよりはるか以前に焼けついた岩石の球体となり、一部はガス化したりバラバラに崩れた岩屑となっているかもしれない。このガス球の表面温度は膨張によって2200〜3200度Cまで下がっている。**太陽が「赤色巨《せきしょくきょ》星《せい》」へと姿を変えた**のである。

最後は「白色矮星」となる運命

こうして赤色巨星となり、かつての数倍も明るい天体となった後も、中心部ではヘリウムの核——1立方mあたり約1000トン——が残されていまだ核融合を起こしている。こうして10億年ほど燃え続けると水素はもはや枯渇し、中心部にはヘリウムばかりが残される。

すると次にはヘリウムが核融合を起こし、酸素や炭素などのより重い元素に変わる。ついですべてのヘリウムが姿を消すとまたも重力が勝って太陽はいっきに収縮し、もはや**ほとんど熱を出さない小さな「白色矮星《わいせい》」**へと変貌《へんぼう》する。

白色矮星となった太陽の亡骸《なきがら》は、その後ほとんど変化せずに数千億年も存在し続けるかもしれない。これは水素原子をつくっている陽子の（理論上の）寿命と同じということだ（**注1**）。実際われわれの銀河系には現在100億個ほどの白色矮星が存在するとみられている。どれもかつて宇宙に輝き続けた星々の冷えた痕跡である。●

注1／陽子の寿命
素粒子の標準理論では陽子の寿命は無限とされ、他方、大統一理論（電磁気力、弱い力、強い力の3つを統一する理論）では陽子は非常に長い時間（10の33乗年など）をかけて崩壊すると予言されている。

2 太陽極大期のねじれる巨大磁場

太陽黒点、22年周期の謎

太陽黒点と太陽斑点？

太陽黒点を〝黒い〟と形容しているのは日本語と中国語（黒子《ヘイヅィ》または日斑《リイバァン》）くらいである。

無理にカタカナで示すなら、英語ではサンスポット（太陽斑点《はんてん》）、ドイツ語ではゾンネンフレック（太陽斑点）、フランス語ではタッシュソレーア（太陽斑点）——と、欧米語ではみな〝斑点〟である。中国語の黒子はホクロのことでもあるが、日斑は太陽の斑点だから欧米語と同じだ。

結局日本語だけがいささかざつな訳語を使っており、一般社会にも黒い点というイメージが浸透している。日本では天文学者さえ〝太陽斑点〟とは呼ばない。そこでここではやむなく黒点と書き続けることにする。

太陽黒点は、太陽の表面に現れる黒っぽい斑点である。しかし黒点には実体といえるようなものはなく、それはたえず（大きく見れば周期的に）現れたり消えたりする。それにしては地球環境に与える影響が大きい。

黒点をつくり出している太陽自体は直径１４０万㎞。これは地球１０９個を一列に並べられるほどだ。体積は地球１３０万個に相当する。これほど巨大な太陽の内部では、イオン化した、つまり電気を帯びた高温のガス（プラズマ）が、われわれの想像力の及ばないほどの大スケールで動きかつ流れている。

電気を帯びた流体が動けばそのまわりに磁場（太陽磁場）

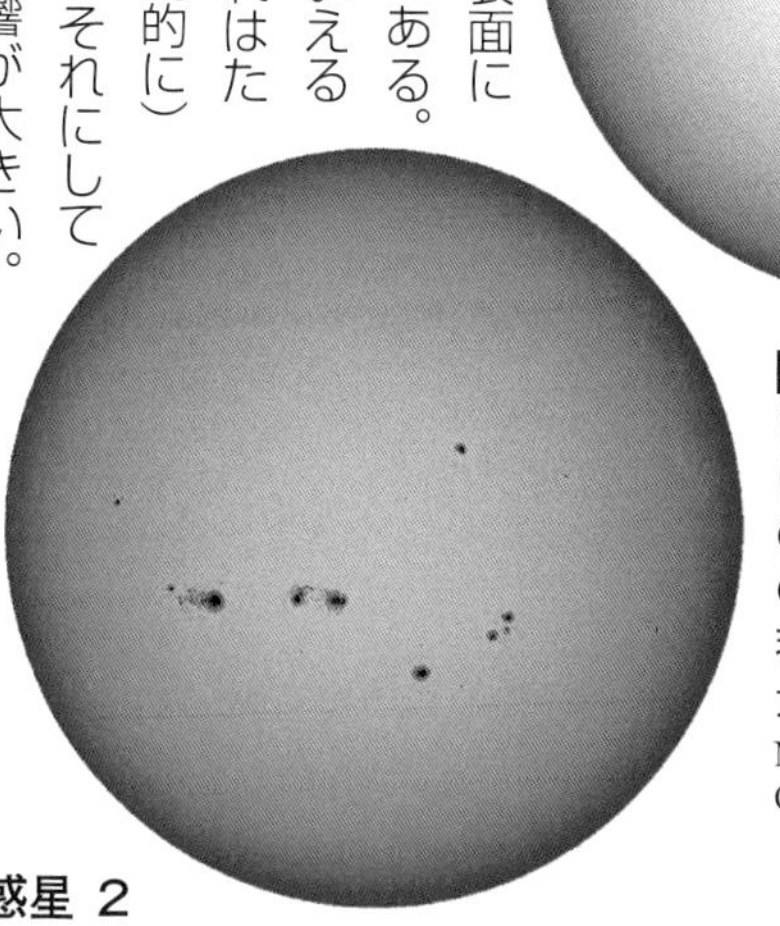

図1⬅⬆上の太陽には黒点がほとんどなく（極小期。2019年）、下の太陽では非常に多くの黒点が現れ、一部は非常に巨大である（極大期。2014年）。写真／NASA's Solar Dynamics Observatory/Joy Ngya

が生じる（図2）。この**磁場が太陽の表面から宇宙空間をのぞくかのように顔を出す**——それが黒点である。

ちなみに欧米の一部の天文学者は太陽内部の高温ガスの動きを〝ブラックループ（黒い輪）〟、太陽磁場を〝ゴールドストランド（黄金のひも）〟などと呼んでいる。

地球が10個入る巨大な黒点

太陽も自転しているが、この天体は地球などのような固体ではなく気体でできているため、赤道に近い側と両極（北極と南極）に近い側では自転速度が大きく異なっている。赤道付近は約25日で1周するが、極側は35日もかかる。

このため太陽の内部はつねにねじられ、それによって磁場もねじれて複雑に運動することになる。磁場全体が外から見えるものなら、それはうねりながら流れる無数の大河か、あるいは全長数百万kmのヘビが無数に太陽に閉じ込められてのたうちまわっているようかもしれない。

太陽の内部はあるときは活動が活発になり、つぎには不活発なときがとって代わる。その原因は長い間の謎だ（後述）。活発な時期には磁場が激しく動き回ってその一部が太陽表面まで上昇する。そしてときに表面から外にまで突き抜け、別の表面から内部へ戻っていく。このとき磁場に沿ってガスが放出されることもある。これは1万度ほどと比較的低温の「**プロミネンス**」だ。

このとき磁場の〝出口〟と〝入口〟の温度が周囲より低くなる。太陽表面は5500度C前後だが、黒点はそれより1000〜2000度Cほど低い。そのため地球からは薄暗い領域、つまり黒点として観測される。出口は太陽磁場のN極、入口はS極である（図2）。

黒点は、その語感から黒い穴のようだが、実際にはそのようなものではない。形はさまざまでグループをなしていることもあるが、なかには非常に巨大な黒点もある。2014年に観測された黒点（AR2192）は地球よりはるかに大きく、太陽系最大の惑星木星に匹敵するほどだった。NASAの記録では、194

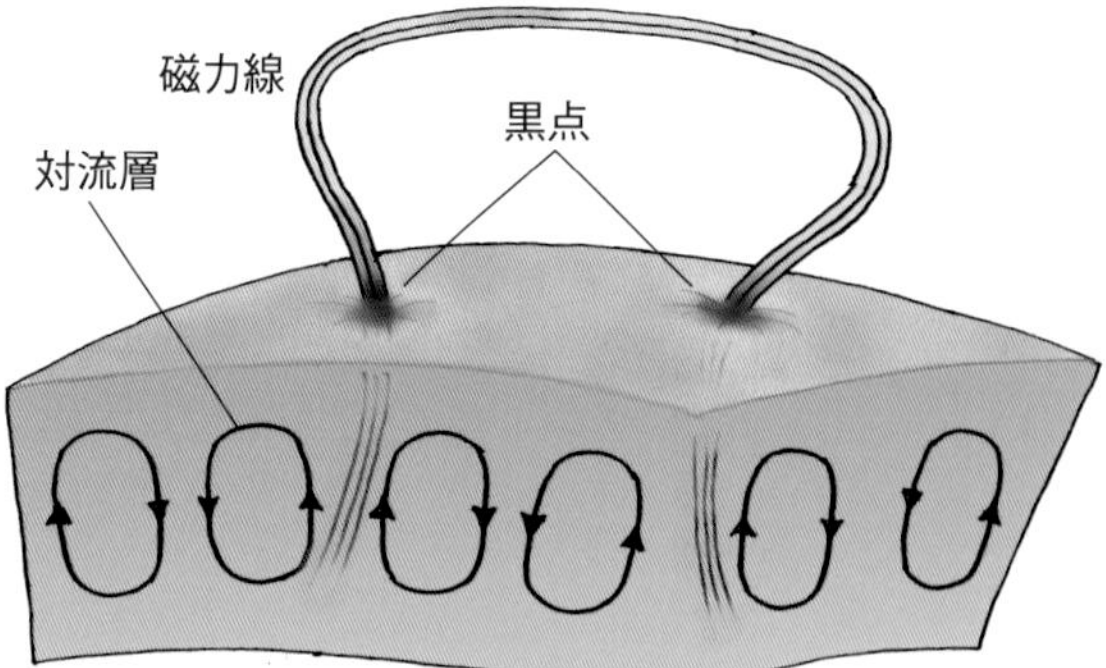

図2 ⬅太陽黒点は磁気ループ（磁力線の輪）の出口と入口にあたる。これらの場所では太陽上層の高温プラズマの流れがさえぎられるため温度が1000〜2000度C低下し、周囲より暗く“黒点”として観測されることになる。物体の明るさは温度の4乗に比例するので、1000度下がるだけでも宇宙からは非常に暗く見える。

資料／Addison Wesley

図3 ⬆左／上下２つの黒点が磁気ループによってつながっていることがわかる。右／NASAのニューソーラー望遠鏡が真上の方角から可視光で撮影した黒点。これまででもっとも鮮明な黒点の映像と見らている。写真／左・NASA’ s Goddard Space Flight Center/SDO/SOHO/CCMC/SWRC/Genna Duberstein　右・Luc Rouppe van der Voort and Shahin Jafarzadeh migi (Univ. of Oslo, Norway)

7年に観測された黒点は前記の黒点の3倍、直径12万km以上もあった。黒点の中に地球を10個ほども並べることができる。

太陽磁場のNとSが入れ替わるとき

太陽黒点の存在はかなり昔から知られていた。中国では紀元前2世紀にすでに記録され、ヨーロッパでは17世紀はじめにガリレオが観測を始めて以降、現在まで4世紀にわたってその変化が追跡されてきた。こうした歴史もあって黒点のふるまいはかなりわかってはいるが、それは太陽表面での見え方のレベルでの話だ。太陽の内部で何が起こっているかについてはいまもほとんど未解明のままである。

最大の謎、それは黒点の出現がほぼ22年ごとの周期性を示す理由だ（一般にはこの周期の片道を1周期と見て「太陽の11年周期」と呼ぶが、その場合でも9～14年の幅がある）。そしてこの周期性にこそ太陽の秘密が隠されている。

周期を22年と見た場合、はじめの半分の期間には太陽磁場のN極（磁北極《じほっきょく》）は北半球にあり、S極（磁南極《じなんきょく》）は南半球にある。だが周期の後半になるとN極とS極が入れ替わる。この入れ替わりが起こるのは「**太陽極大期**」、つまり太陽活動が最大になった時期である。対して活動が静まっている時期は「太陽極小期」である。

活動の極大期になると、その異変が宇宙からも観測される。

中・高緯度の黒点群や活動領域が、あたかも引っ越しシーズンが到来したかのように赤道側に移動していくのだ（63ページ図1）。

過去数十年で見ると、極小期の1986年に観測された黒点は13個だったが、その3年後に始まった極大期には157個に増えた。そして前回から10年後の新たな極小期には9個しか観測されなかった。大半が消え去ったのだ。21世紀に入ってからのより精密な観測では、極小期には黒点がゼロ、極大期には何百も現れるということもあった。

極大期には、活動領域で**非常に激しいエネルギー爆発（太陽フレア）**が起こったり、ときにはいちどに**何十億トンもの高温ガスが宇宙空間に投げ出されたり**する。後者の現象は太陽フレア以上に興味深いが、「コロナ質量放出（CME）」などという退屈な名で呼ばれている。

太陽が示すこうした周期性は長年の謎だったが、先年アメリカの研究チームがこの謎を解明した（かもしれない）と発表しているので、後で触れることにする。

なぜ黒点が現れるのか?

太陽黒点をめぐるいまひとつの謎は、そもそも太陽表面になぜ黒点が現れるのかである。

これまでの仮説では、①磁場の活動が活発になるとその一部が太陽表面を吹き飛ばし、それによって生じた穴から内部の太陽本体が黒っぽく見える、または②活発な磁場によって内部の熱の上昇が抑えられ、太陽表面のその領域の温度が下がって黒っぽく見える、などというものだった。これらの仮説はどちらも漠然として抽象的である。

そこで最近、アメリカ国立太陽天文台（NSO）の物理学者サラ・イェーグリらが新説を発表した。それによると、太陽の表面近くで水素分子が生成されて集まり、太陽上層の圧力を低下させる。すると磁場の一部がそこから外部に逃げ出し、黒点を形成するという。つまり水素原子が水素分子に変わることで黒点が生まれる準備が整うというのだ。

太陽をつくっている原子の90％は水素、約10％はヘリウム、微量の残りがその他である。だが黒点の領域では温度が低いため、水素原子は2個が結合して1個の水素分子に変わる。このため黒点の圧力はほぼ半分に低下し、そこを占めていた磁場は強度が強まって外に飛び出しやすくなる——イェーグリらはそう主張している。

彼らは実験によって、黒点における磁場の強さは2500ガウスで、地球磁場（約0・5ガウス）の5000倍に達することを確認したともいう。

なぜ太陽の活動周期は22年か

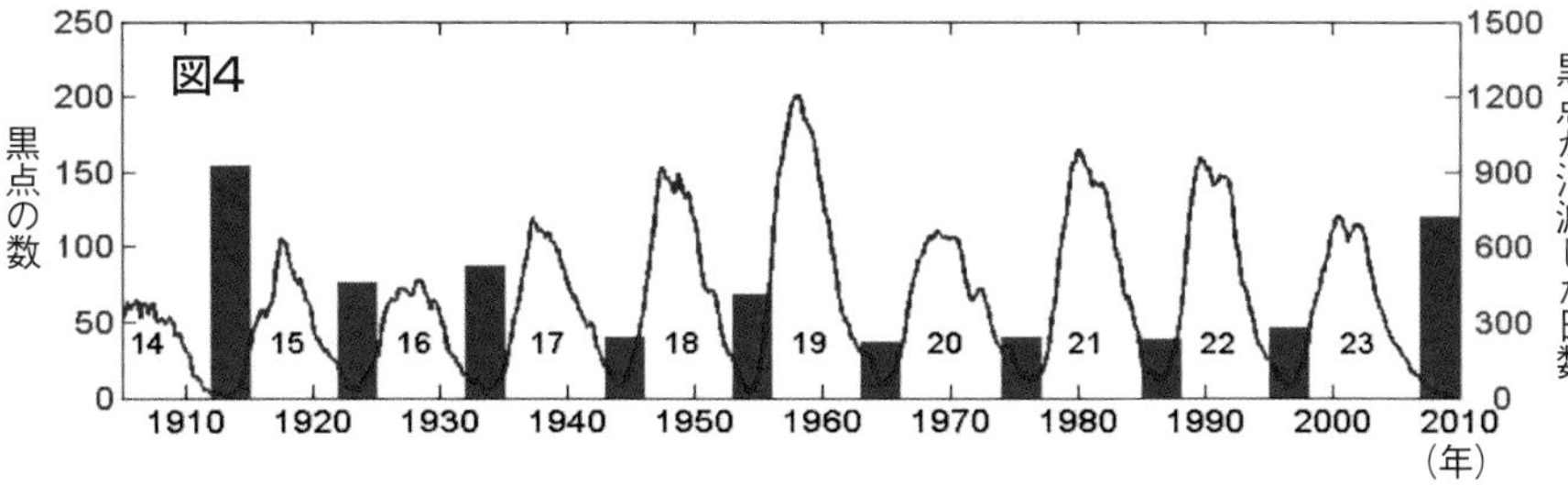

⬆1910年から100年間の太陽活動の周期的変化を黒点の数で示している。曲線は黒点の数、赤い棒線は黒点が消滅した日数。活動周期はほぼ11年、往復22年。

図／David Hathaway (NASA-MSFC)／Nandy, Muoz-Jaramillo& Martens, Nature, 3rd Mar.(2011)

最後に、前述の太陽の活動周期の謎を解明したというワシントン大学の研究チームの話にも目を向けてみる。彼らは太陽の活動周期をコンピューター・シミュレーションで理論化した。研究の出発点は核融合発電の研究（下コラム）で生み出されたモデルである。

同チームのトーマス・ジャーボー教授によると、太陽（のような星）の表面は流動するプラズマの薄い層に包まれている。その流れの速度はたえず変化し、渦を巻き、ねじれながら磁場を発生させている。このプラズマの流体はしだいに成長して不安定になっていき、ついには崩壊するが、その周期が11年（往復22年）だという。

彼らは、この周期に合わせて太陽の深部からはプラズマが表面に向けて噴出し、その噴出のいわば〝傷口〟が地球からは黒点として観測されるという。ジャーボー教授は、太陽磁場の逆転や太陽風（磁場をもったプラズマが太陽系全域にまで流れ出す現象）なども、この理論で説明できると述べている。

ちなみに、黒点が生じるのは太陽表面の厚さ150〜450㎞という薄いプラズマ層の中である。これは直径140万㎞という巨大な太陽から見ると、ほんの薄皮1枚の厚さ（薄さ）の中で起こる現象ということになる。●

核融合発電

核融合は太陽をはじめとする宇宙の星々の中心部で起こっている水素の融合反応で、その際に非常に大きな余剰エネルギーを発生する。星はその熱エネルギーによって何十億年も宇宙空間で光り輝いている。この核融合エネルギーを人工的に生み出して発電する方式が核融合発電。世界各国で研究・実験が行われており、原子力の後継となる無限のエネルギー源と期待されている。従来の原子力発電より安全性がはるかに高く二酸化炭素も出さない。燃料（トリチウムや重水素）は海水中に含まれているため実質的に無尽蔵である。核融合は発電のほか、将来の宇宙推進用ロケットへの応用も研究されている。

核融合発電にはトカマク型核融合、レーザー核融合などの方式があり、現在もっとも研究が進んでいるのはトカマク方式（磁場閉じ込め方式）と見られる。アメリカではこの研究にアマゾンのジェフ・ベゾス、マイクロソフトのビル・ゲイツなども出資している。日本は独自の研究のほか国際共同研究にも参加している。

3 太陽系は太陽を公転していない?

太陽・惑星・衛星の新しい描像

地球は太陽の〝残りカス〟

最近、国内発の天文学の話題として興味深い記事をみかけた。それはJAXA(宇宙航空研究開発機構)の惑星科学者ジェームズ・オドノヒューによるもので、「**太陽系は太陽を中心に回っているのではない。太陽系の共通重心の周りを回っているのだ**」という話である。

これは天文学や物理学では当然とも言えるが、一般社会では決してそうは思われていない。太陽系を解説するメディアも天文学の解説書や教科書さえも、「太陽系の惑星は太陽を公転している」と単純に書き続けている。

おおざっぱにはそれで問題はないものの、少し厳密に言うなら、太陽系のすべての惑星や衛星も、小惑星などの小天体も、太陽を中心に公転してはいない。それどころか太陽自身も例外ではない。**すべては太陽系の「共通重心」のまわりを公転している**からだ(後述)。

「太陽系」とは太陽とその周囲を回るすべての物体群の総称であり、いわば〝太陽系家族〟とでも言うべき天体集団である。この家族は、圧倒的な大黒柱である太陽と、8個(ないし9個)の惑星、確認ずみと未確定を含めて206個以上の月(第1章10)、それに無数の小惑星や彗星などの小天体からなっている。惑星が9個というのは、太陽系外縁を1万〜2万年かけて周回する惑星が存在する可能性があるためだ。

われわれがその住人でもある太陽系は46億年ほど前に誕生したと見られている(第2章1)。宇宙空間に漂いかつ集まっていた分子雲(原始太陽系星雲)から誕生した太陽は、その星雲の**質量の実に99・86%を占有**した。星雲のほぼすべてが太陽になったのだ。**その他の惑星などはすべて合計しても0・1%あまりにしかならない**。わが地球は、太陽の残り物ないし残りカスのそのまたごく一部から生まれたことになる。太陽系と地球を理解するには、まずこの質量の極端な大小を知らねばならない。

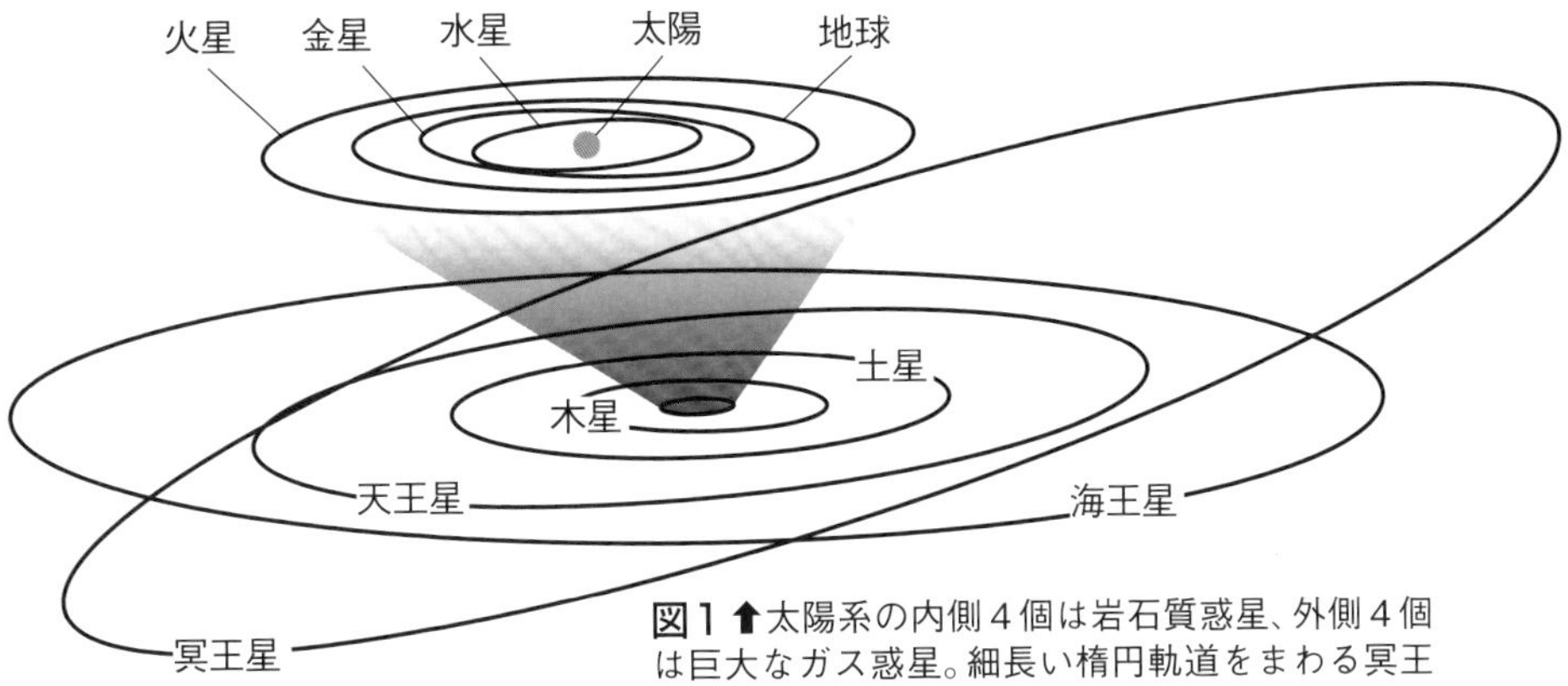

図1⬆太陽系の内側４個は岩石質惑星、外側４個は巨大なガス惑星。細長い楕円軌道をまわる冥王星はおもに氷からなる準惑星。　作図／高美恵子

ところで日本人は中学生のころ、前述の太陽系の惑星の名を九九算と同じように覚えさせられる。読者はどのように覚えたか知らないが、筆者の時代には〝スイキンチカモクドテンカイメイ〟といった。土天海冥を〝**ドッテンカイメイ**〟とがなる同級生もいた。つまり太陽に近いほうから水星、金星、地球、火星、木星、土星、天王星、海王星、冥王星である。**冥王星が準惑星に格下げされた**のは、この天体が地球の月より小さいうえ、その後同じような天体がいくつも見つかったためだ（**注1**）。

これらのうち太陽に近い順に4つは「**岩石惑星**」つまりほぼ固体の岩石でできた惑星であり、その外側の4つは「**ガス惑星**」つまり水素とヘリウムなどからなるガス体の惑星である（ただし中心部には岩石や金属の核が存在する）。ガス惑星のうち土星や木星は岩石惑星よりはるかに大きいので、英語では〝ガス・ジャイアント（巨大ガス惑星）〟とも呼ぶ。ガス惑星にはわれわれが考えるような〝地面〟は存在せず、どこが惑星の表面かはっきりしない。

太陽系惑星のうち月（衛星）を引き連れているものは地球、火星、木星、土星、海王星で、その合計は前記したように206個に達する（さらに増える可能性がある）。水星と金星だけが衛星をもたない。他方、木星と土星はそれぞれ79個と82個もの衛星を引き連れている。土星は他に無数の氷からなる何本ものリングをもっている。

これらの惑星のうち明らかな大気をもっているのは金星と地球、火星、土星、木星、海王星である。ある程度以上の大

注1／準惑星　惑星としては非常に小さく、ほかにも多数の類似の天体が発見されたため国際天文連盟が新設した分類。2021年時点で冥王星、ケレス、エリス、マケマケ、ハウメアの5つが準惑星とされている。

きさ（質量）をもつ惑星は大気をまとうのが必然のようだ。

太陽系の「共通重心」の件

　ところで、冒頭で触れた太陽系が太陽を中心に公転してはいないという問題についてだ。太陽系はおくとして、宇宙には2つ以上の星が互いを回っている状態が無数に存在する。2つないし3つの星が「連星」または「3連星」となって互いを回っているなどの場合だ。われわらからもっとも近い星である**ケンタウルス座の3つの星**（アルファ・ケンタウリA、アルファ・ケンタウリB、プロキシマ・ケンタウリ）は、それらの**共通重心を回っている3連星の典型事例**である。

　宇宙には中性子星とブラックホールが連星をつくっていたり、さらには巨大な銀河と銀河が互いに重力を及ぼし合って何億年もかけて巡っている場合もある。どれもそれほど珍しくはない。そもそも宇宙のあらゆる天体がそのように運動している。**重力が宇宙の根本的支配者**だからだ。こうして見ると太陽系の公転問題はむしろ常識的であり、誰にも理解しやすい。

　前述のように太陽は太陽系の全質量の99%以上という圧倒的大部分を占めているので、外宇宙から見るとその周囲を小さな惑星や衛星があたかもハエやカが飛び回っているかのようであろう。だがくわしく見ると、太陽は自ら引き連れているこれらの**小さな家族の重力によってかすかに〝揺れ動いている〟**。地球や火星の質量なら見分けがつくほどの影響は受けないにしても、木星や土星となると話は違ってくる。とりわけ木星は巨大ガス惑星であり、質量は地球の318倍。木星の公転軌道に318個の地球が団子状に密集していると考えれば、太陽に多少の影響は与えそうだと想像できる。これより小さいものの土星の質量も地球95個分である。

　結局太陽系は、すべてが重力でつながったひとつの流動的な物体として回転している。そのため、このときの回転の中心は太陽の質量中心ではなく、太陽系の全質量の中心、つまり「共通重心」となる。ある研究者によれば、太陽系の共通重心は太陽の中心から74万2000kmのところにあるという。これは太陽の表面より数万km外である。

　これによって太陽がどのように（かすかにゆっくりと）揺れながら自転ないし〝公転〟しているか、その面倒な計算を行ってさまざまにアニメ化しているのが、冒頭で触れたJAXAのジェームズ・オドノヒューである（彼は自らのサイトにそのアニメを紹介している）。

　太陽系はわれわれにもっとも身近な宇宙ではあるが、いまだにあらゆる未解明の問題や謎に満ちている。本稿では以下に太陽系の個々の惑星や小惑星、彗星などについての最新の理解を短くまとめている。●

太陽系の惑星たち

灼熱の惑星や台風の10倍もの風が吹き荒れる惑星――太陽系惑星の横顔はさまざまだ

水星 太陽系最小の惑星

水星は、太陽のもっとも近くを周回する岩石質の小型惑星。地球の月よりやや大きく、地表のいたるところが**クレーター**でおおわれている。大気は太陽風にはぎとられてほぼ存在しない。水星の1日は地球の176日間に相当し、大気の保温効果が存在しないので温度は極端だ。太陽に向いた面では**430度C**とホットプレートのような高温だが、夜の面は**マイナス180度C**と液化天然ガスよりも低い。

金星 なぜ逆方向に自転するのか?

地球の〝ふたご惑星〟である金星は他方で〝灼熱の惑星〟でもある。地表は太陽系惑星でもっとも高い**460度C**と鉛も融ける高温。厚い大気は二酸化炭素と硫酸からなり、地上の大気圧は地球の水深900mの水圧に匹敵する。

この濃密な大気により金星では「**暴走温室効果**」(次ページ**注1**)が起こっている。地表には数千の火山があり、一部はいまも活発に溶岩を噴出している。

奇妙なのは自転である。太陽系惑星は基本的に公転と同じ方向に自転しているが、**金星だけは逆向きに自転**している(天王星も厳密には逆回転だが、ほぼ横倒し)。つまり太陽は西から昇って東に沈む。

逆回転の理由――ひとつの仮説は「潮汐《ちょうせき》力」(**注2**)が関係しているというもの。金星では太陽の潮汐力によって濃密な大気が太陽側の赤道周辺に集まる。このとき太陽の重力によって大気は同一場所に押しとどめられる。その結果、濃密な大気と地表の間に強い摩擦が生じて自転が妨げ

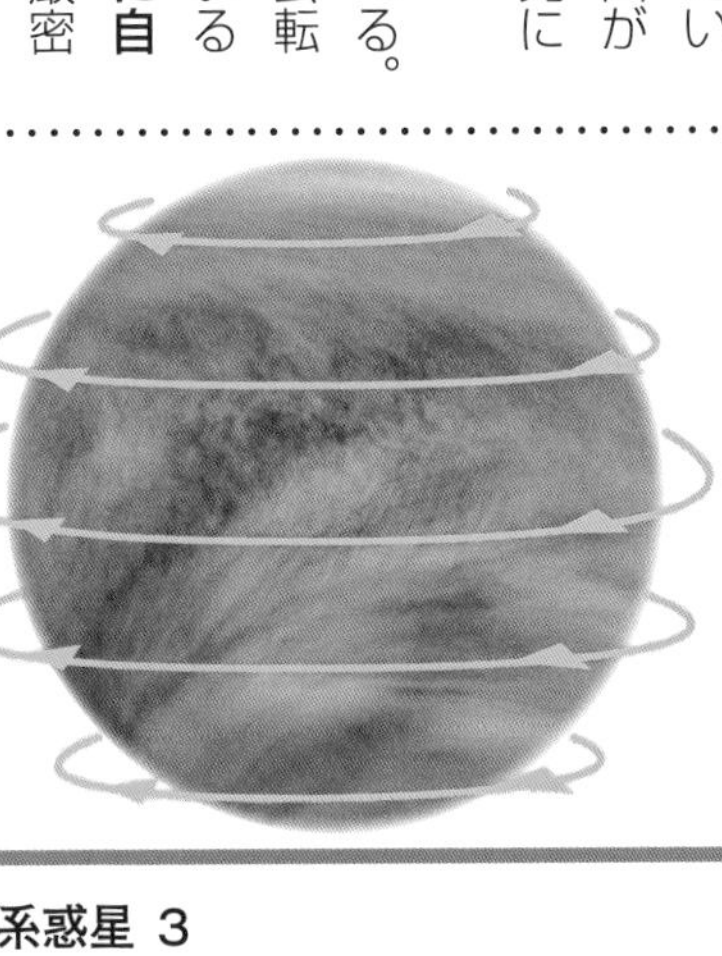

図2 ⬅金星の大気は、自転の数十倍の速度で金星を周回している。 写真/NASA

られる。こうして自転速度が徐々に遅くなり、ついには逆回転しはじめたという。

金星大気は自転の方向に惑星を周回している。この風は自転より高速のため「**スーパーローテーション**」と呼ばれる。赤道付近の自転速度は時速6・5㎞で、地表の風速は時速10㎞。だが高度65㎞では時速540㎞にも達する。

金星の自転は加速と減速をくり返しているらしく、カリフォルニア大学の15年間の観測では、自転周期は最大20分間も変化したという。

注1／暴走温室効果　温室効果ガスが気温を上昇させると、より多くの温室効果ガスが地殻や海洋から放出され、温暖化が加速度的に進む現象。

注2／潮汐力　重力源に近接している天体は、場所によって重力の強さが異なるため、天体（または海洋や大気）が変形する。この作用を潮汐力と呼ぶ。

地球　生物が存在する太陽系唯一の惑星

地球は〝**水の惑星**〟とも〝**生命の惑星**〟とも言われる。地表温度は太陽放射による本来の熱的平衡ではマイナス18度Cにしかならないが、大気の温室効果により平均気温は15度Cに上昇している。そのため水が液体として存在し、化学反応が起こりやすい。

この環境によって地球では35～40億年前に生命が誕生した。現在では地表以外にも大気上層や深海底、地下5㎞、高温の熱水鉱床や酸性の湖、南極の氷の下の湖などにも生態系が存在する。

火星　水はどこに消えたのか？

火星の地表環境は過去には地球によく似ていた。だがいまの火星は地球とは大きく異なり、地表は赤茶けた砂漠状態で、平均気温は**マイナス63度C**。地上大気は非常に希薄で地球の1％以下しかない。地球の45㎞上空と同じだが、NASAは先ごろこの大気中に軽いヘリコプターを飛ばすことに成功している。

40億年前の火星は温暖で大量の水が液体で存在したと見られる。あちこちに流水による浸食の形跡が見られ、赤道付近のゲールクレーターでは厚さ300mの堆積層が発見された。これはかつてここが湖底であったことを示している。太古の火星に存在した水の量は明らかではないが、仮に火星全体を水がおおったとすれば**深さ1500m**に達したとする研究者もいる。長期間液体の水が存在したなら生命が発生した可能性もある。

では火星の水はどこに消えたのか？　かつては火星の重力が小さいために水は宇宙空間に少しずつ逃げたとする見方が主流であった。だが近年の観測では水の大半はいまも火星に残っているという。実

図3⬇巨大なマリネリス峡谷もかつては川だったかもしれない。大量の水が地下に眠る証拠が発見された。

写真／ ESA/DLR/FU Berlin (G. Neukum)

際火星の地下には大量の氷の層があるらしく、ユートピア平原には1万4000立方kmに及ぶ膨大な氷が存在するとの報告もある。2021年には巨大なマリネリス峡谷の地下に大量の水が存在する証拠も見つかった。また水を含む地殻や岩盤が地底の〝貯水槽〟となっている可能性もあるという。これらは、将来人類が火星に到着したとき、長期的な生存に非常に大きな役割を果たすはずである。

小惑星帯 なぜ惑星になれなかったか？

火星と木星の公転軌道の間には小惑星帯が広がっている。

小惑星とはおもに岩石質の小天体で、最大の小惑星ヴェスタは直径530kmに達するが、10mほどの無数の小惑星もある。小惑星帯には直径1km以上のものが100万~200万個も存在する。これらは**木星の重力に乱されて惑星に成長できなかった**らしい。小惑星帯以外にも地球軌道や木星軌道などに小惑星群が存在する。

地球上で発見された5万個以上の**隕石のうち99・8%は小惑星由来**とされている。2013年にロシア上空で爆発し、その衝撃波で7000棟ものビルの窓を吹き飛ばした隕石も、小惑星帯からやってきたとみられている。

木星 「大赤斑」の正体は何か？

木星は太陽系最大の巨大ガス惑星で、質量は他の全惑星の質量の合計の2倍に達する。外層は水素とヘリウムからなり、上空に凍った水とアンモニアの雲が浮いている。1周10時間という高速度で自転しているため大気も高速度で流れ、遠くからは鮮やかな縞模様として観察される。

縞模様の間には地球2つがすっぽり入るほどの巨大な渦巻き「**大赤斑**《だいせきはん》」が存在する。これは非常に巨大ないわばハリケーンで、風速は時速500kmにも達する。現在この暴風の速度が速まっていることが観測されている。

土星 リングは何からできているか？

巨大なリングは土星の代名詞でもある。リングの外縁は土星表面から28万kmの距離まで広がるが、**リングの厚さはわずか10m**——薄い被膜のようだ。リングは水の氷と少量の岩石片の集合体で、大半は非常に細かい粒状だが、大きさ数mからまれに数kmのものもある。

これらはもともと彗星や小惑星、または土星の衛星であったが、土星の強大な潮汐力によって粉砕されたとみられる。土星以外に木星や天王星、海王星にもリングが存在する。土星は82個もの衛星をもっているが、このうち**エンケラドスは厚い水の氷でおおわれた地表の下に巨大な海**が存在するとみられ、生命誕生の条件を満たしているかもしれない。

天王星 横倒しで太陽をめぐる惑星

天王星や海王星もガス惑星だが、木星や土星のように水素やヘリウムからできているのではない。これらはおもにメタン、アンモニア、水の氷からなり、惑星表層では氷がシャーベット状になって流動している。

天王星はほぼ**横倒しで自転**しているため、極地域では昼が21年間が続いた後に長い夜が訪れる。天王星が倒れたのは過去に地球サイズの天体が衝突したためとみられている。

海王星 時速2000㎞の暴風が吹き荒れる

海王星は太陽系惑星の中で唯一、他の天体（天王星）のニュートン力学に反する不可解な動きから力学的計算で存在が推測された。自転周期は16時間と短く、上空には時速2000㎞もの強風が吹き荒れている。1989年、高気圧の渦とみられる「**大暗斑**《だいあんはん》」（**図4**）が惑星探査機ボイジャーに発見された。以降この渦は大きさや形、位置を変えて何度か観測されている。

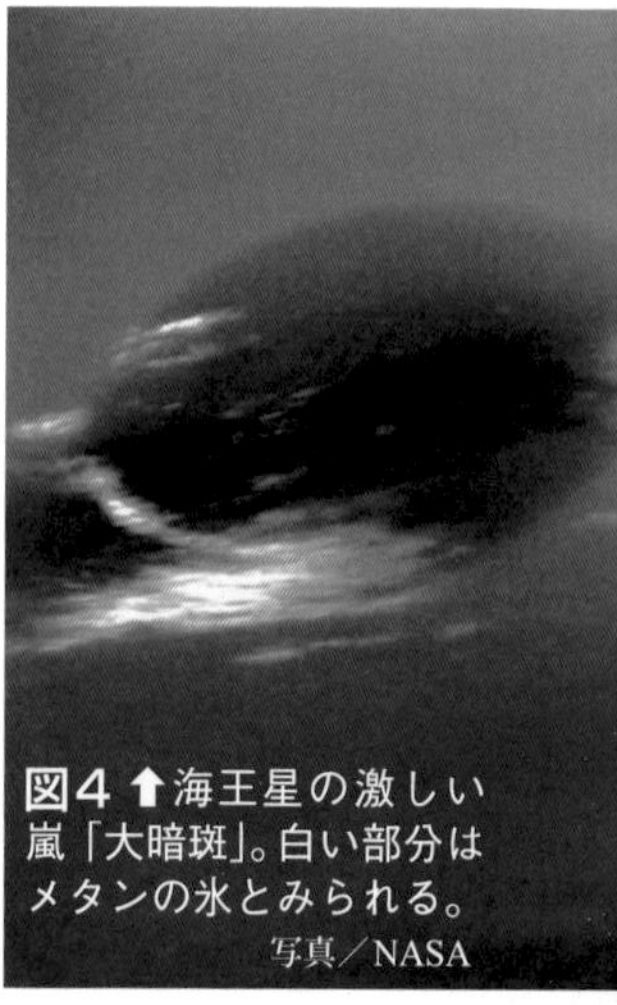

図4 ⬆海王星の激しい嵐「大暗斑」。白い部分はメタンの氷とみられる。
写真／NASA

彗星 どこからやってくるのか?

彗星は〝ほうき星〟とも呼ばれるように明るい頭部と長い光の尾をもつ。その実体は直径1～数十㎞の水の氷を主成分とする小天体。彗星が太陽に近づくと熱せられて氷や気体が蒸発し、発光する。これが太陽風に押し流されて長い尾となって目撃される。

〝彗星の故郷〟は2カ所とされている。ひとつは海王星の外側軌道にドーナツ状に広がる「**カイパーベルト**」、いまひとつはさらに遠方で太陽系を球殻状に取り巻く「**オールト雲**」。これらの場所には氷やチリを主成分とする小天体（微惑星）が無数に存在し、何らかの重力的影響で微惑星が太陽方向に落ちてくると彗星になる。

地球が彗星の公転軌道を通過すると彗星の放出したチリの粒が地球大気圏に落下し、多数の流星が「**流星群**」として観測される。●

第3章
21世紀の最新宇宙
21st Century Universe

1 宇宙の距離はどうやって測るのか?

星までの距離を測る3つの方法

アンドロメダまでの距離

星や銀河の話にはよく、「地球から**アンドロメダ銀河**までの距離は250万光年です」というような説明が出てくる。

アンドロメダ銀河（カバー写真）は、この宇宙でもっともわれわれの銀河系（天の川銀河）に近い銀河である（もっとずっと近くに大マゼラン雲と小マゼラン雲という2つの小さな銀河があるが、これらは忘れるとして）。だが、この**250万光年という距離はどうやって測ったのか?**

光が宇宙空間を1年間に進む距離が「**1光年**」だということは誰でも知っている。**光は1秒に30万km進むのだから、このスピードで1年間に走ったときの距離が1光年**ということになる。

身近な距離の単位に言いかえると**1光年＝約9兆5000億km**。読者が乗るかもしれない最新の旅客機ボーイング777は時速900kmだが、この速度でもアンドロメダ銀河まで3兆年（！）かかる。おとなりのアンドロメダ銀河がこれほど遠いのだから、宇宙の大きさとなれば人間の思考力のはるか外である。

宇宙の距離を表すには光年が基本単位だが、より遠くの星々や銀河については**天文学者はむしろ〝パーセク〟を用いる。1パーセクは地球－太陽間距離（＝1天文単位＝約1億5000万km）の20万6000倍で、30兆9000億km**となる（79ページ**コラム**）。

では、アンドロメダ銀河は言うまでもなく、これよりはるかに遠い5000万光年や1億光年も離れた星や銀河までの距離を測る方法はあるのか?

われわれの**地球は宇宙では1個のホコリほどのミクロな天体である**。その上にいながら宇宙の距離を測ろうなどとは傲《ごう》慢《まん》とも言えるが、いくつかの方法はある。

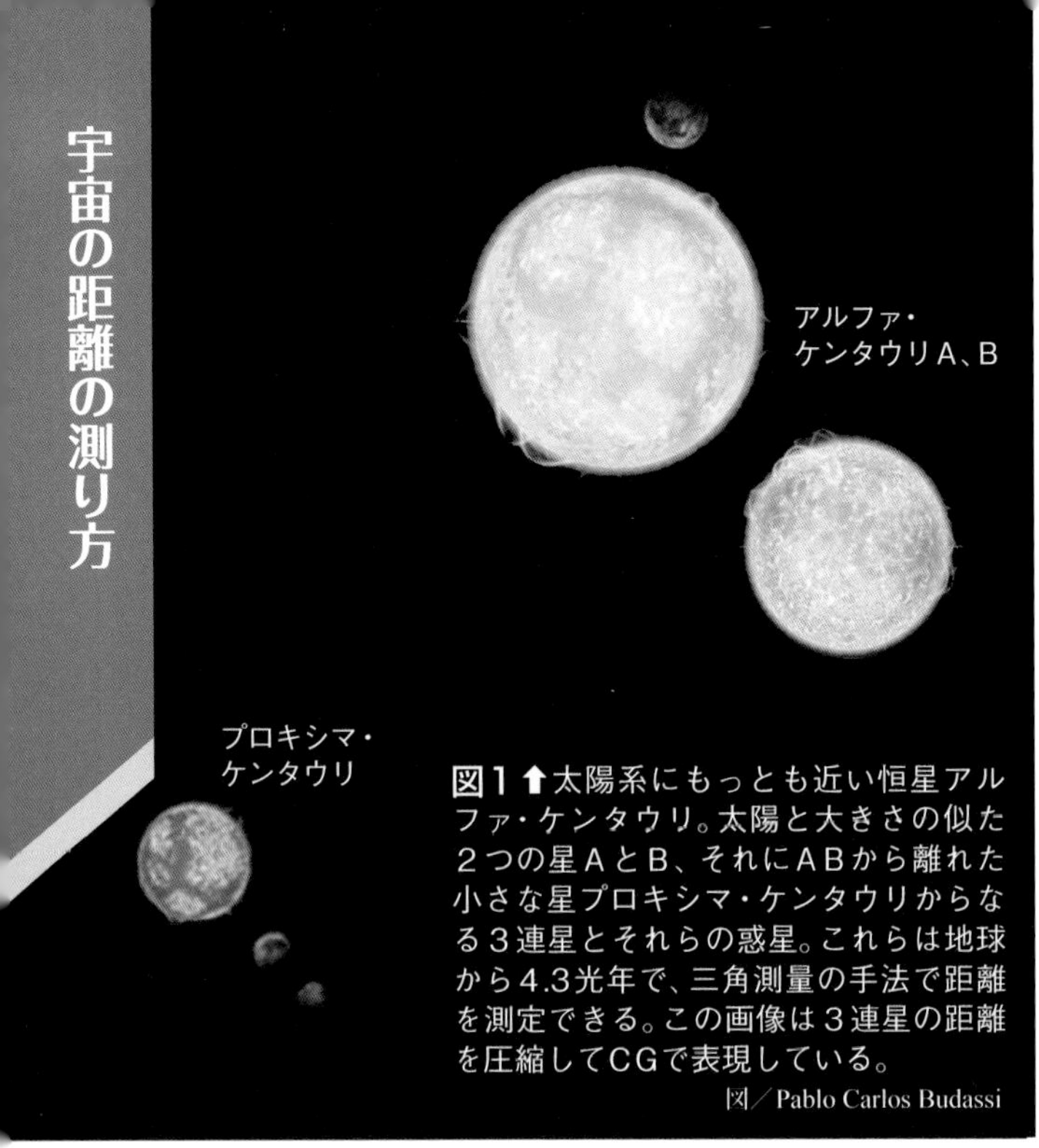

図1⬆太陽系にもっとも近い恒星アルファ・ケンタウリ。太陽と大きさの似た2つの星AとB、それにABから離れた小さな星プロキシマ・ケンタウリからなる3連星とそれらの惑星。これらは地球から4.3光年で、三角測量の手法で距離を測定できる。この画像は3連星の距離を圧縮してCGで表現している。

図／Pablo Carlos Budassi

①シリウスなどの近い星までは「三角測量」で測る

第1は、**地球から近い天体までの距離の測り方**である。

地球の姉妹兄弟である金星、火星、木星、土星などの太陽系惑星（星ではない）は、晴れた夜には肉眼で見えるほど身近な天体である。しかしこれらよりはるかに遠い太陽系外の星（**恒星、スター**）でも、地球から数光年～100光年（最近は数百光年?）までなら、宇宙のスケールでは近隣の天体と呼び得る。

たとえば**太陽にもっとも近い星アルファ・ケンタウリ（ケンタウルス座アルファ星）は地球から4・3光年**、次に近いバーナード星――「宇宙戦艦ヤマト」に登場するので名前は有名かもしれない――は6光年である。全天でもっとも明るい星シリウスも8・6光年ととても近い。こうした天体までの距離を求めるには物理学は不要で、幾何学だけで答が出る。

次ページ**図2**を見ながら説明するとわかりやすい。

近隣の天体（星）は、1年のいつ観測するかによって、それより遠くにある背景の星々に対してその位置が〝ずれて見える〟。地球は太陽のまわりを公転しているので、たとえば冬と夏ではこれらの星の位置がわずかに違って見えるのだ。

地球の公転にともなうこのような見た目のずれを「視差（パララックス）」という（次ページ**コラム**参照）。このずれが大きいほどその星は地球に近い。散歩していると、近くのビルはすぐに後ろに通り過ぎても、遠くの山々の位置はほとんど変わらないようなものだ。

そこでこれを利用すれば、星々までの距離を幾何学の手法、つまり**「三角測量」**で求められる。この手法を天文学で用い

視差はこうして測る

地球は太陽を１回公転するのに１年を要する。このときの公転軌道の直径は３億kmある。そこで、この３億kmを基線として、距離を測定したい星Ａを頂点とする３角形を描く。まず、たとえば１月１日と半年後の７月２日の２回、星Ａの方角を観測する。星の見えた方角にそれぞれ直線を伸ばせば直線が公差し、３角形が生まれる。この図の頂角（正確にはその半分）が星Ａの視差である。ここから三角関数を使って、星Ａまでの距離を計算できる。

宇宙での視差は非常に小さいので精密な観測は容易ではないが、ともあれ、たとえばある天体の視差が１秒角（3600分の１度）ならそれは地球から約3.26光年、10分の１秒なら32.6光年と計算される。アルファ・ケンタウリやバーナード星、シリウスなどはこのあたりということになる。

図2

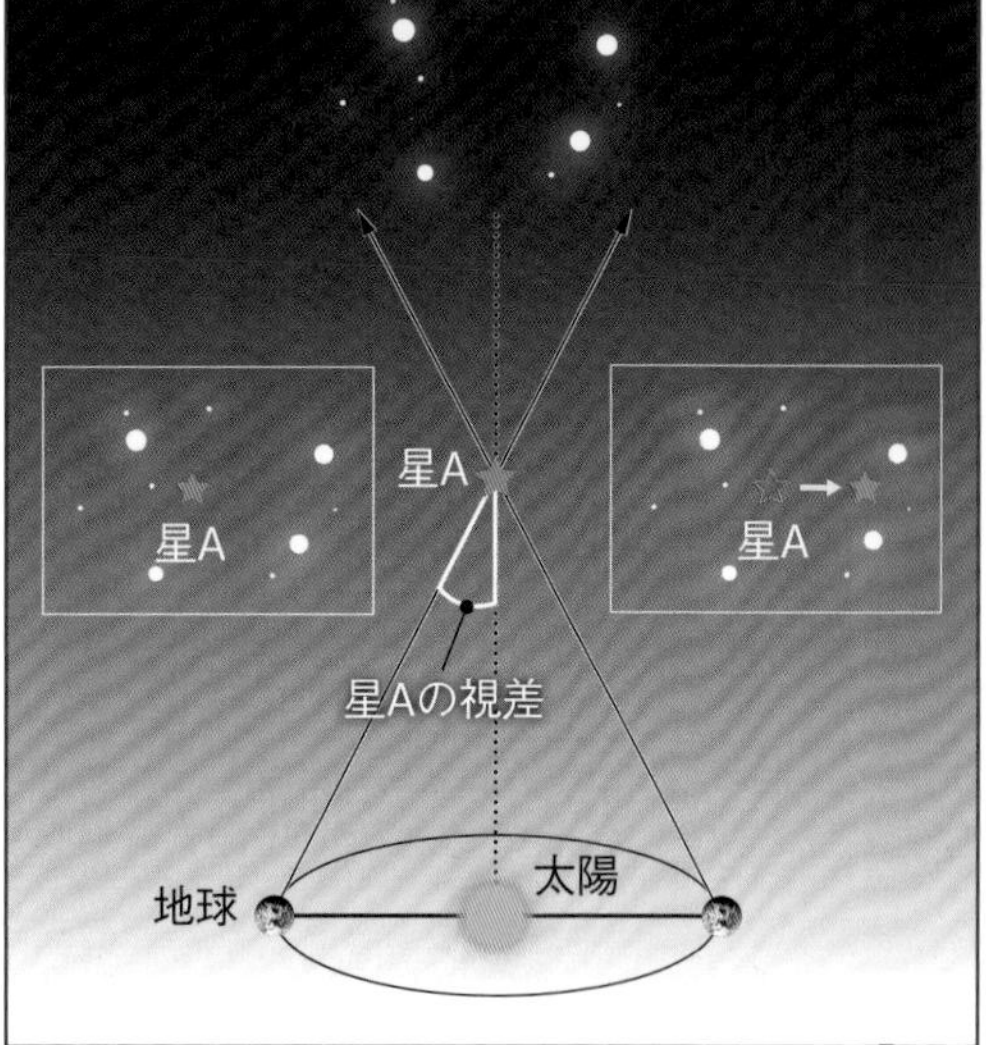

るときには「**年周視差**」とか「**三角視差**」による測定と呼ぶ。

ちなみにこの手法は古代ギリシアの哲学者**ヒッパルコスが考え出した**とされている。紀元前１８９年３月14日、彼は地上の２つの離れた地点から皆既日食を観測し、その際に生じた視差、つまり見かけの角度の差を利用して地球から月までの距離を測った。答は56万km――いまわかっている距離（38万km）より50％ほど遠いが、基線（基準線）の取り方に多少の誤りがあったためらしい。ともかく彼が宇宙測量のパイオニアである。

20世紀末、ＥＳＡ（ヨーロッパ宇宙機関）は彼の名を付した宇宙望遠鏡を地球周回軌道に打ち上げ、10万個もの星々の視差をそれまでの２００倍の精度で測定した。

２０１３年にはヒッパルコスより高性能のガイアを打ち上げ、これまでに銀河系のすべての星の約10％＝10億個の星の距離を測定した。天文学者たちはこれをもとにして壮大な〝銀河系３Ｄマップ〟を描き出しつつある（81ページ図３）。

②銀河系内の星々の距離は――
「標準光源」をものさしとして推測する

ではもっと遠い天体まではどうやって測るのか？　実はこれにもいましがたの視差が生きてくる。

地球から見て明るい星は、必ずしも他の星よりも強く輝いているわけではない。**本来の明るさ**（**絶対等級**。**下コラム**）が同じなら、当然近くの星ほど明るく遠くにある星ほど暗く見える。そこでその星の絶対等級がわかれば、**地球から見たときの星の明るさ**（**視等級**）と比べることによって、その星までの距離を求めることができるはずだ。

ではどうやって絶対等級を求めるのか？　ここで重要になるのが〝星の色〟である。

いろいろな星を望遠鏡でよく観察すると、それぞれ色が少しずつ違っている。**赤っぽい星も青っぽい星も黄色っぽい星**もある。こうした色は星の表面温度の違いを示している。温度が高く星の内部の活動が激しい星ほど色は青に近づき、逆に温度が低い星ほど活動はおだやかで色は赤みを帯びる。星の内部の活動とは「核融合反応」のことだ（核融合については83ページ記事参照）。

黄色い太陽はこれらの中間の温度である。そして、太陽と同じ色の星は太陽によく似た性質をもっている。いいかえれば、同じ色（＝**光の波長の分布**。**スペクトル**）の星は色だけでなく、明るさもほぼ同じなのだ（48ページ記事参照）。

そこで天文学者たちは、地球（太陽系）から近い距離にあるいくつかの星々までの距離をまず視差と三角測量を用いてくわしく観測し、そこから「距離と明るさの関係」を導いた。

これらのモデルになった星々は「**標準光源**」と呼ばれる。英語では〝スタンダード・キャンドル（標準ロウソク）〟である。

そしてより遠くの星々については、天文学者たちは光のスペクトルが似通った標準光源をもとに、個々の星の絶対等級を推定した。このときの見かけの明るさ（視等級）は光源からの距離の2乗に反比例するため、絶対等級と視等級の違いから距離を逆算できる。

銀河系の星々ではなく、銀河系近傍の銀河までの距離を測

星の絶対等級

さまざまな星をそれぞれ「10パーセクの距離から見た」と仮定する。1パーセク（1 parsec=1pc）は3.26光年なので、本文中で見たバーナード星なら6光年＝1.84パーセクとなる。そしてすべての星を10パーセク、つまり32.6光年離れたところから見たと仮定したときの明るさを絶対等級と呼び、マイナス5〜プラス10の15等級に分類する（太陽はプラス5等級）。

これなら、何万、何十万、何百万光年の距離にある星でも、その明るさを同じものさしで比較できる。また1000パーセクなら1キロパーセク、100万パーセクなら1メガパーセクと単位は簡略化される。

	見かけの等級	絶対等級	距　離
太陽	−26.8	4.83	0.000016光年
シリウス	−1.47	1.41	8.6光年
ヴェガ	0.04	0.5	25光年
ベテルギウス	0.41	−5.6	642光年
北極星	1.99	−3.2	430光年

資料／Magnitudes from Seeds (1997) and Burnham (1978)

る場合にも標準光源が使われる。しかしこのときはふつうの恒星ではなく、**別の標準光源が用いられる。有名なのは「セファイド（ケフェウス座変光星）」である。変光星とは明るさが周期的に変化する星**のことだ。

1908年、アメリカの天文学者ヘンリエッタ・リーヴィットは多数のこうした変光星を観測し、その絶対的な明るさと変光の周期が関係していることを見いだした。これは、変光の周期を観測すれば変光星の絶対等級がわかることを意味する。そこでたとえば遠方の銀河の中の変光星を探してその変光周期を測定すれば、その銀河までの距離を求めることができる。ほかに絶対的明るさが一定のI型超新星（28ページ参照）を標準光源にする方法などもある。

ただし**これらの手法にも弱点がある。**標準光源の計算値がわずかでも狂っていると、それを用いた遠くの星の距離計算はすべて狂ってしまう。実際より何百光年、何千光年、何万光年もだ。そのため、いまでも遠くの星々や銀河までの距離が確定しているとはいえず、たえずより精密な観測が必要である。

③はるかに遠い銀河までの距離は「赤方偏移」で測る

さて、宇宙はわれわれの銀河系やとなりのアンドロメダ銀河ではとうてい収まらない。もっとはるかに遠くまで広がっている。何億光年、何十億光年のかなたまでだ。光が何億年もかかってやってくるような遠い宇宙にある銀河や星の距離を測ることなど人間にできるのか？

方法はある。すべての銀河も星々もわれわれからだけでなく彼らどうしもまた互いに遠ざかりつつあるので、その〝**遠ざかる速度**〟**を測る**というものだ。

宇宙は誕生以来ずっと風船がふくらむように膨張し続けているので、（比喩が不適切だが）風船の中心部より外側に近いところの銀河、つまり**遠くにある銀河ほど速い速度で遠ざかっている。**これは観測によって明らかになっている。そこで、ある銀河が**遠ざかる速度（後退《こうたい》速度）がわかれば、それをもとに銀河までの距離を推定できる。**

この手法では星の光の「**赤方偏移《せきほうへんい》**」という現象を利用する。宇宙の天体はすでに見たように特定の波長（スペクトル）の光を発している。もしその天体が宇宙空間に停止しているなら、どこまで行ってもその光の波長は変わらない。青い光はずっと青く、赤い光はずっと赤い。だがもしその**天体がわれわれから超スピードで遠ざかっていると、光の波長は引き伸ばされて見える。**

すると、こうして波長が伸びたことにより、**もともと黄色の光ならいくらか赤く見える。**つまり本来の波長が引き伸ば

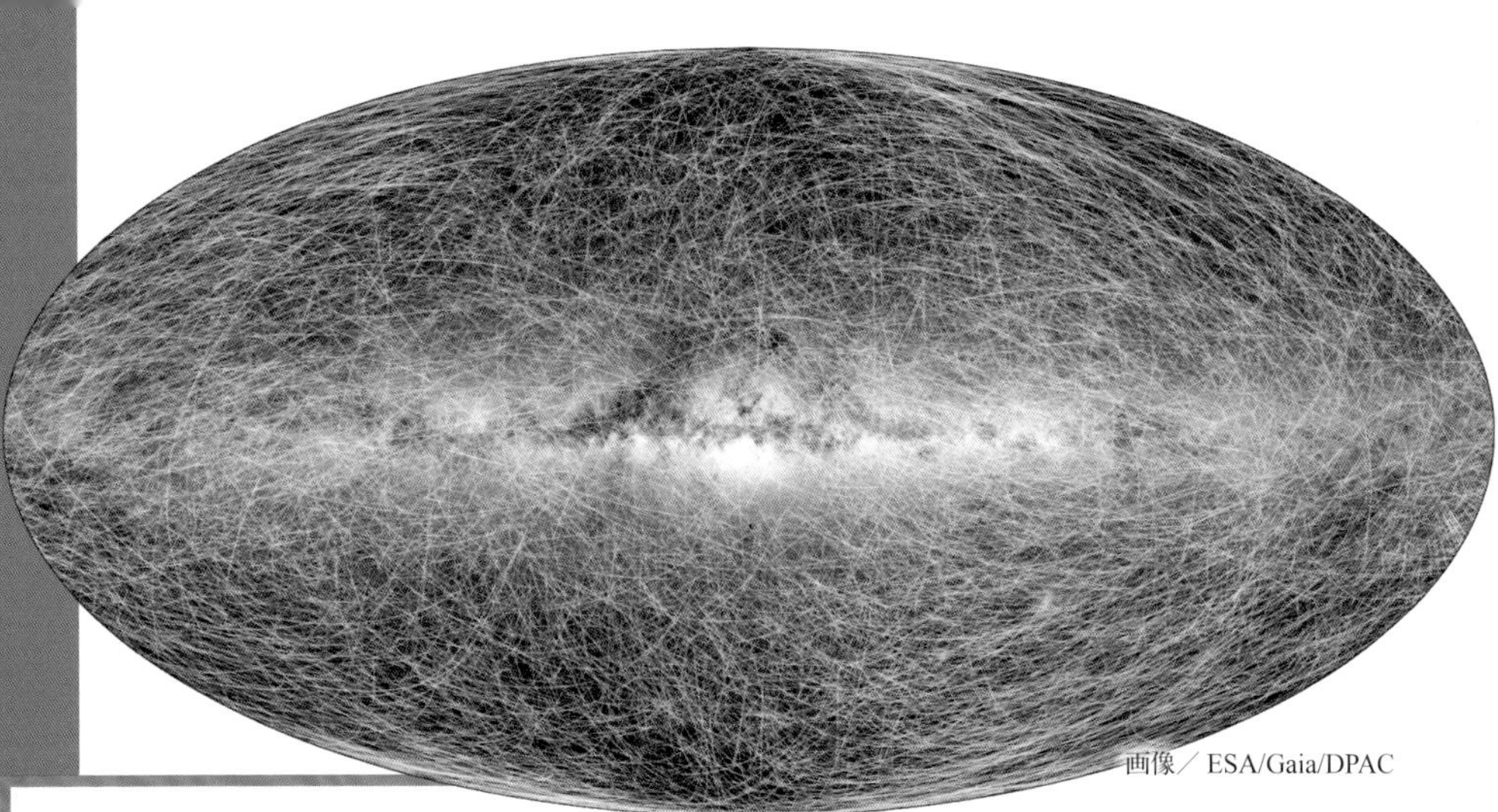

画像／ESA/Gaia/DPAC

図3⬆宇宙の星々はつねに動いており、その動きは「固有運動」と呼ばれる。人間の目には見分けがつかないものの、ESA（ヨーロッパ宇宙機関）の衛星「ガイア」はそれらの星々の動きを非常に高い精度で追跡している。この写真は地球から100パーセク（326光年）以内の4万個の星々が今後40万年以内にどう動くかを予測してそのルートを線で示している。左右に走る明るい部分は銀河系。

されて（偏移して、偏って）観測される。これが赤方偏移である。逆に天体がこちらに接近してくるとその波長は圧縮されて青く見える。これは「**青方偏移**《せいほう》」という。

こうした現象は一般に「**ドップラー効果**」と呼ばれる。電車や救急車、飛行機が近づいてくるときにはその音が高く聞こえ、遠ざかるときには低く聞こえる現象である。

そこで、はるか遠くの天体の光が必ず見せるはずの赤方偏移の大きさを測定する。赤方偏移による波長のずれが大きいほどその天体は大きな速度でわれわれから遠ざかっており、したがって遠いということになる。

はるかに遠い**宇宙を語るときには必ず赤方偏移がその土台になっている。赤方偏移を抜きにしてはわれわれの宇宙の知識や理解は成り立たない。赤方偏移こそ、われわれが宇宙を理解するためのABCである。**だから、赤方偏移が宇宙空間の途中で少しでも変化するなら、この手法そのものも危うくなり、われわれの宇宙の理解はお手上げである。●

「宇宙」はどこから？

最近世界の富豪たちが「"宇宙"に行ってきた」と自慢することが流行っている。彼らの宇宙とはどこのことか？　本書が扱っている宇宙は広大無辺で、いかな富豪でも手も足も出そうにない。

実は富豪たちが到達した宇宙は地上100〜400kmにすぎない。宇宙から見れば地上にへばりついた空間であり、とても宇宙とは呼び難い。せめて地球大気の影響がゼロになる高度より上を宇宙と呼ぶなら、それは大気圏よりはるか上の電離層や磁気圏の上層で地上1000㎞ほどだ。しかし航空業界（国際航空連盟）は、高度100㎞の境界（カーマン線）より上は飛行機が飛べないので宇宙だと主張している。どこからが宇宙かは人間の好みによるらしい。

2 宇宙のすべての物質（元素）はいつ生まれたか？

超新星爆発が人体の材料を生み出す

宇宙の主役は水素

われわれの周囲にはあらゆる物体が存在する。衣類や食器、食料、スマホ、テーブル、車、電車。それにもちろん足元の地面や空気や動植物、自分自身の体もだ。これらはすべて何らかの物質（**元素**）でできているが、それぞれの元素はいつどこで生まれたのか？

どの物質、どの元素もはじめから宇宙に存在したのではない。過去のある時、ある状態の中で〝そうでないものから生み出された〟のだ。

最初の〝そうでないもの〟は無、ないしは無形のエネルギーである。その無がいつから存在したかは誰も知らず、万能の理論物理学者にも答えることができない。だが宇宙の誕生と進化についての理論「**ビッグバン宇宙論**」は臆《おく》することなく「無（のようなもの）からこの宇宙が生まれた」と主張しているので、ここでもその主張に沿って話を進めることにする。

いまから138億年前に突如、無からの大爆発すなわち〝ビッグバン〟によって誕生した直後の宇宙は、とほうもなく高温・高密度であった。この超高エネルギー状態の中では、後に宇宙を支配することになる〝4つの基本力（電磁気力、弱い力、強い力、重力。87ペー

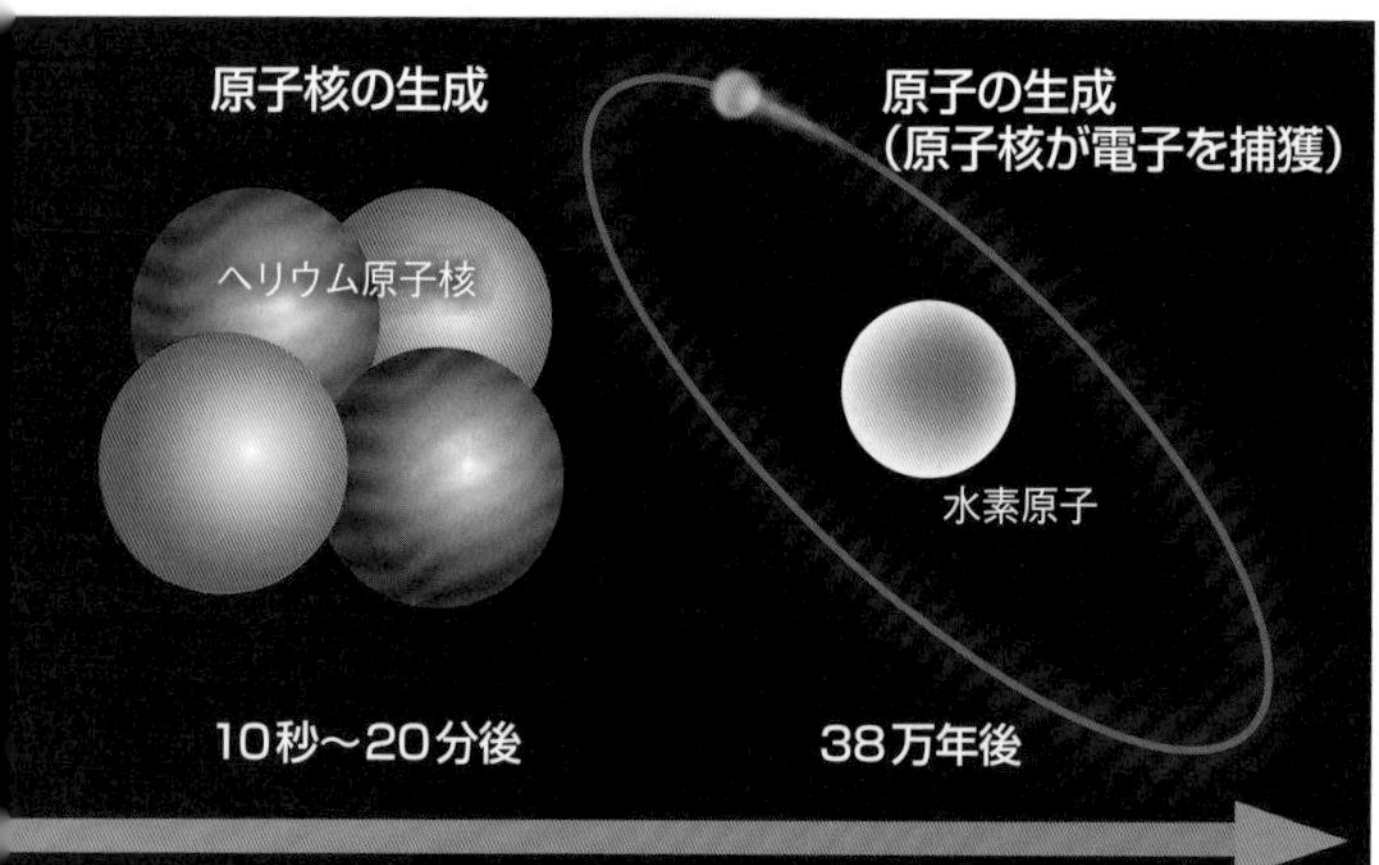

図1⬅ビッグバン後の超高温・超高圧の宇宙が冷却する過程で、物質を形作る最初の粒子が誕生した。

イラスト／高美恵子

ジ参照）〟は、いまだ溶け合ってただひとつの力となっていた。この状況ではどんな元素も存在することはできない。

その後宇宙が文字どおり爆発的に膨張しはじめると、宇宙の温度と密度が下がりはじめ、超高エネルギーは新たな反応を引き起こせる状態となった。

この反応ではじめに姿を現したのが、すべての物質の出発点である**素粒子**、すなわち「**クォーク**」と「**グルーオン**」である。クォークは〝素粒子の中の素粒子〟であり、他方のグルーオンはクォークと反クォーク、または3つのクォークをノリでくっつけるように結合する素粒子である。こうして宇宙は〝**クォークとグルーオンの海**〟となった。

ビッグバンから10秒後、宇宙がさらに膨張し、かついくらか冷却すると、クォークどうしが結合して「**陽子**」と「**中性子**」を生み出した。そこから100秒後、今度はこれらの粒子が互いにドッキングし、いまの宇宙でもっとも軽い3つの元素である「**水素**」と「**ヘリウム**」、それに微量の「**リチウム**」をつくり出した。

水素とヘリウムだけの宇宙

これらのうち真にもっとも軽い元素（原子）である水素の構造は陽子1個と電子1個――非常に単純である。ただしこのときの陽子は電子と結合しておらず、裸の状態だ。陽子どうしが結合するとそれはヘリウムに変わり、このとき減少した質量分のエネルギーを解放する。この反応を「**核融合**」と呼び、すべての星のエネルギー源である。

だがこの間にも宇宙は恐ろしい速さで膨張して温度が下がり続け、これ以上の反応を起こしてさらに重い元素を生み出す余裕がない。まれに水素とヘリウムが反応してリチウムが生まれるのみだ。

ここまで宇宙が〝進化〟するのに10分あまりが経過している。こ

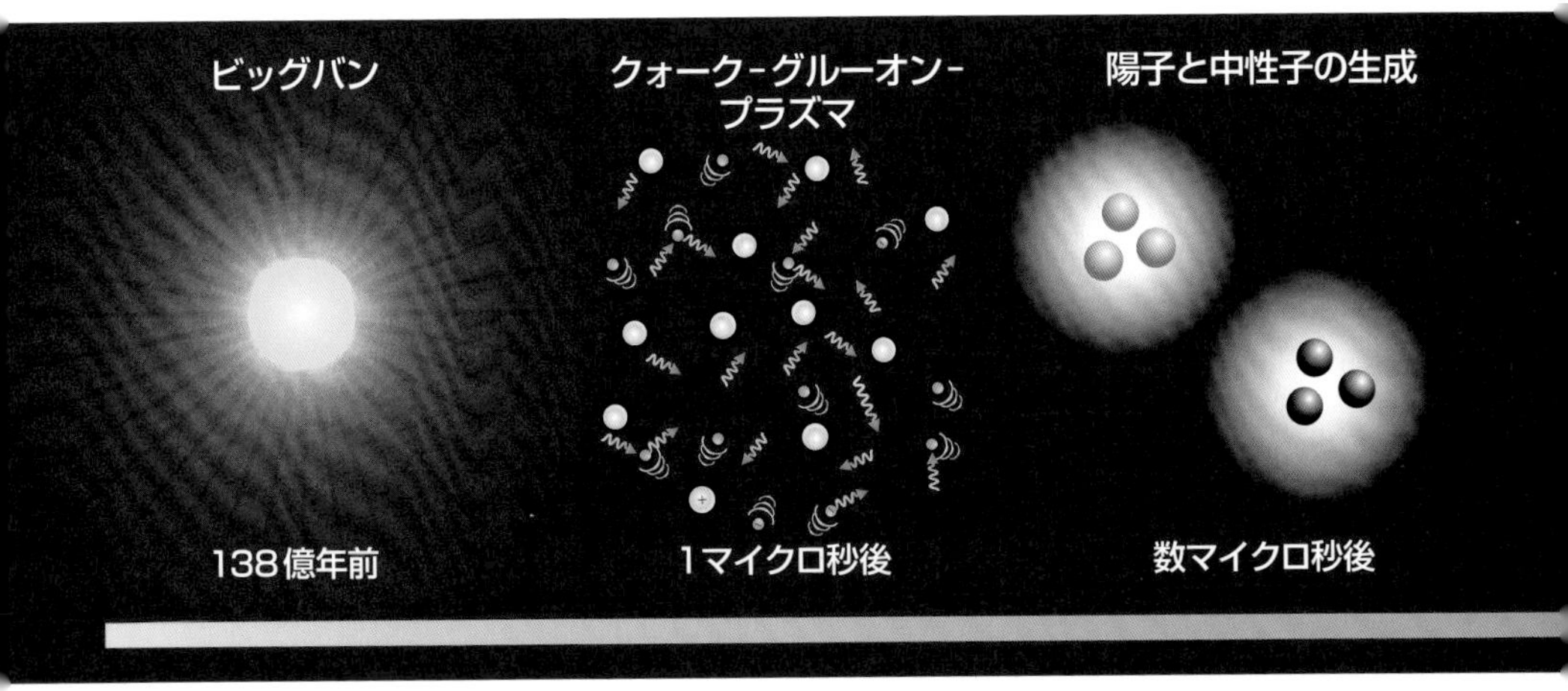

のときの宇宙──まだ非常に小さい──を作っている物質は水素75%、ヘリウム24%、その他は少々のリチウムのみだ。

奇妙に思うかもしれないが、水素とヘリウム、それにリチウムのこの割合はいまの宇宙でもほとんど変わっていない。ビッグバンから百数十億年が経ち、宇宙は無数の銀河や星々や惑星で満ちているように思えるが、実際には**大半が宇宙誕生直後に生まれた軽い元素**だけなのだ。岩石惑星をつくっている鉱物や、人間の身のまわりにあふれているあらゆる物質（人体も含めて）をすべて合計しても、宇宙全体の質量の**わずか2%**にしかならない。

酸素も鉄も核融合の産物

では、水素やヘリウム、リチウム以外の重い元素はいつ生まれたのか?

それらが生まれるまでにはビッグバンから1億〜2億年ほどの時間を待たねばならない。このころになると、宇宙に万遍なく広がっていた水素とヘリウムがいたるところでまだら状に集まり始め、それぞれが巨大な〝ガス雲〟を形成しはじめる。これらのガス雲は自らの重力によってさらに集中して密度を高め、しだいに巨大なガスの球体となる。星が生まれる前段階である。

こうして生まれたガス球の中心部は、重力によってしだいに収縮して高密度・高圧になり、ついに熱エネルギーを光として宇宙に放出しはじめ、原始星に変貌する。

原始星の中心部は数十万年をかけていっそう高密度かつ高温となり、その温度が1000万度を超えると、ついに水素どうしが**核融合**を起こしはじめる（52ページ参照）。原始星が一人前の星になったのだ。

この星は、その後100億年ほどエネルギーを出し続けると（われわれの太陽はいまその途上にある）、中心部の水素をほとんど燃やし尽くしてしまう。すると星は、熱による膨張力が自己重力に負けるため中心に向かって収縮しはじめる。そのため密度と温度がさらに高くなり、それまで水素の核融合で生み出されていたヘリウムが、水素に代わって核融合を起こすようになる。**ヘリウムの核融合は、それまで宇宙に存在しなかった「炭素」を生み出す**。宇宙の進化につれてやや重い元素が現れたのだ。

核融合がさらに進むと、星の外層をつくっている軽い元素が燃えてやや重い元素に変わり、その重い元素は星の中心側に蓄積していく。ヘリウムが燃えると「炭素」が、炭素が燃えると「酸素」が、酸素が燃えると「ケイ素」や「イオウ」が──こうして次々に新しい元素が姿を現す。星が巨大になるほどこのプロセスは早く進行し、ついには「鉄」が生まれる。

だが、**鉄が出現したところで核融合の進行は停止**する。鉄

図2 ⬅超新星爆発直前の星。中心部には核融合を終えた鉄があり、その周囲をケイ素や酸素、炭素などがタマネギの皮のように取り巻く。星の外殻にいくほど軽い元素のみとなる。

図3 ⬇太陽系に存在する元素の起源。人間の体を構成する物質の大部分は、超新星爆発の際に飛び散った元素とみられる。

資料／NASA/CXC/K. Divona

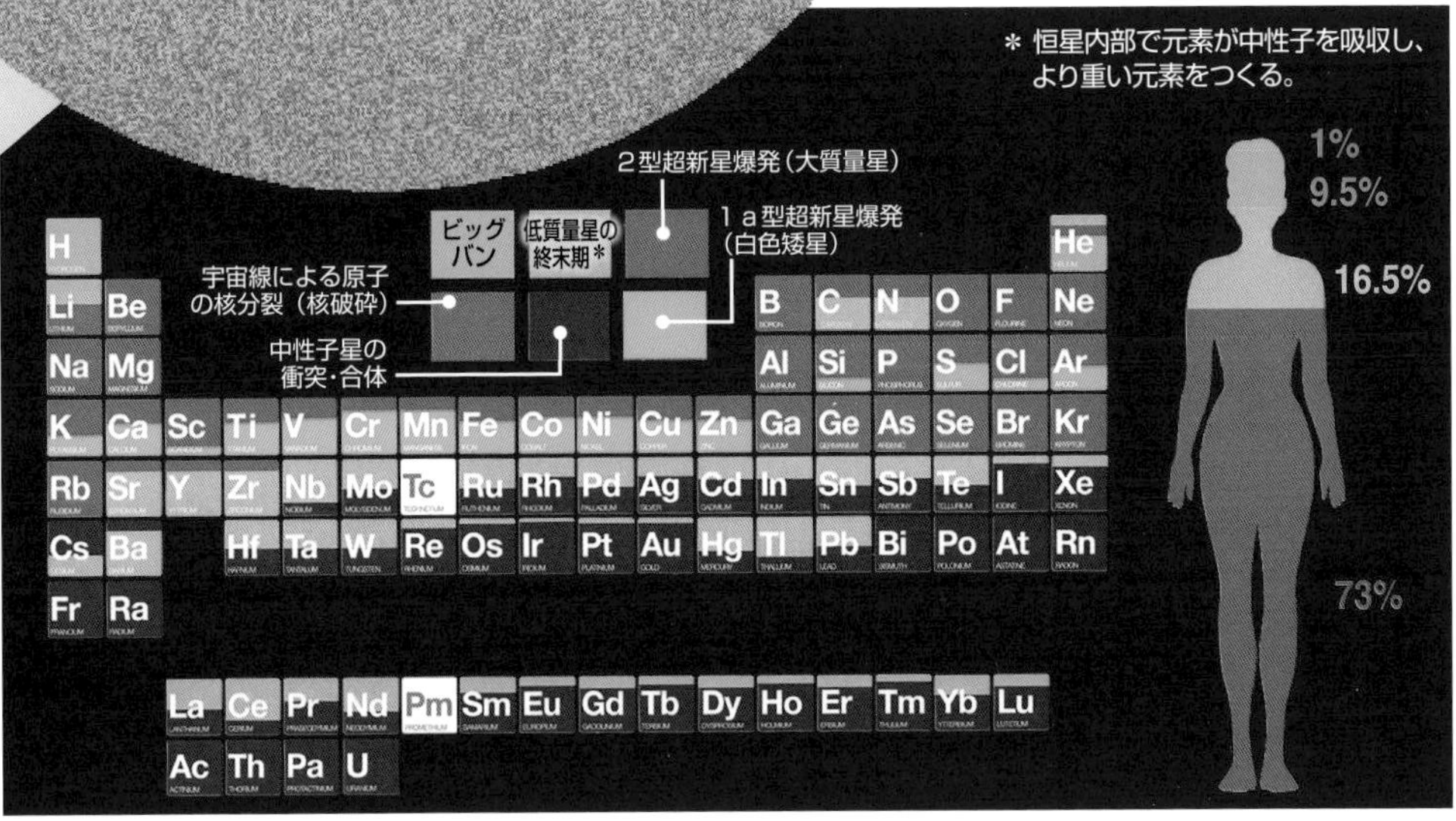

の原子どうしの核融合を起こさせるにはとほうもなく大きなエネルギーが必要であり、いかに大きな星でもそれほどのエネルギーを生み出すことはできない。このままでは宇宙に鉄より重い元素は永遠に存在しないことになる。

だがいまの宇宙には（もちろん地球にも）非常に多くの種類の元素が存在する。学校では**メンデレーエフ**という19世紀の科学者の名とともに**「周期表」**を勉強するが、その最新版には約120種もの元素が並んでいる。いまのところ自然界の元素でもっとも重いものはプルトニウムで、それ以上のものは見つかっていない（人工的につくられたさらに重い元素はある）。では、さきほどの数種類の元素より重い元素はいったいどこからやってきたのか？

地球も人間も「超新星」の贈り物

じつは太陽のようなふつうの星の中では炭素より重い元素は生まれないはずで

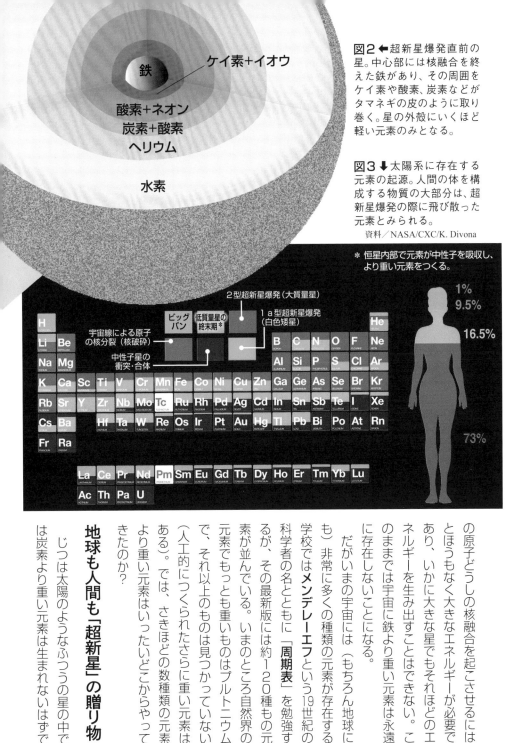

ある。星のエネルギーに限界があるからだ。しかし宇宙にはこれより重いさまざまな元素をあっという間につくり出す驚くべきしくみが存在する。それは、巨大な星が一生の最期に引き起こす大爆発、すなわち「**超新星**」である。

超新星爆発の激しさを具体性をもって適切に言い表す言葉はない。いまの世界には、科学実験を目的として超高エネルギーを一瞬だけ実現する巨大な装置が存在するが、そこで人工的に生み出せる最大のエネルギーでも、超新星のそれにはまったく及ばない。超新星については20ページ記事にくわしいので省略するが、この**大爆発の瞬間の超高エネルギーによって鉄より重いあらゆる元素がいっきに生み出され**、それが宇宙空間にばらまかれるのである。

地球のような惑星も、そこで生きている人間などすべての生物体も、水素とヘリウム、それにリチウムや鉄や酸素だけではとうていこの宇宙に姿を現すことはなかった。これら以外にわれわれをつくっている素材としての元素（の大部分）は超新星の贈り物である。

超新星でなくても新しい元素は生まれる

いま〝大部分〟と言ったのは、実際には超新星以外にも新しい元素を生み出すしくみが宇宙には存在するからだ。ここではそのうちの2つに目を向けてみる。

ひとつは**中性子星のような非常に高密度の星と星が衝突したとき**だ。この宇宙スケールの大衝突で生み出されるエネルギーは超新星のそれをはるかに上まわり、衝突の大きさによってはさまざまな重い元素を生み出すとみられている（107ページコラム）。NASAの女性天文学者ミシェル・サラーは、誰もが手に入れたがる金（黄金）は高密度の天体どうしの衝突によって生み出されたと述べている。読者が金製の皿やネックレスをもっているなら、それらはおそらく中性子星やブラックホールの衝突によってつくり出されたものだ。

いまひとつは、超新星爆発や巨星の衝突のような派手さはないものの、**普通の星々が何億年もの時間をかけて非常にゆっくりと少量の新しい元素を生み出すプロセス**だ。

星の内部では核融合の際に中性子が飛び出す。これらの中性子が別の原子（の原子核）に衝突したり吸い込まれたりすると、その原子はしばしば別種の原子（元素）に変わる。この反応は星を爆発させるような激しさとは無縁だが、慌てず騒がずに新しい元素を生み出すプロセスでもある。そこで、星の一生とはすなわち「100億年の核融合反応によって新しい元素を創造する過程である」と言っても間違いではない。

こうしていまの宇宙には、軽い元素から非常に重い元素に至るあらゆる元素、つまりあらゆる物質素材が存在するようになったのである。●

■コラム

宇宙を支配する「4つの力」とは?

この宇宙(自然界)は「4つの基本的な力」に支配されている。4つとは「強い力」「弱い力」「電磁気力」それに「重力」。どれも物質をつくっている原子や素粒子どうしの間にはたらく力(作用)で、以下に見るように作用する距離と強さがそれぞれ著しく異なる。

1 強い力

原子の誕生に不可欠な力。宇宙の基本粒子**クォークを結合する〝接着剤〟**の役目をもつ。3個のクォークからなる陽子や中性子(原子の材料)もこの力によって生まれた。きわめて短い距離(=10のマイナス15乗)しか伝わらないが、力は4つの中では圧倒的に最強。この力がなければ宇宙に原子核も原子も物質も存在せず、宇宙は永遠の暗黒空間である。

2 弱い力

その名のとおり弱い力はとても弱く、次項の電磁気力の1000分の1ほどで、それが届く距離も極端に短い。他の3つの力は粒子や物質どうしを引き寄せるが、**弱い力は逆に物質をばらばらにする。**不安定な原子核を放射性崩壊させて安定な原子核に変える役割を担う。

3 電磁気力

後述の重力と同様、われわれが日常でたえず感じる力。電磁気力とは**電気の力と磁気の力**をひとつの力と見るときの用語。

プラスの電気(=電荷)どうしが近づくとエネルギーが高まる。マイナスどうしでも同じだ。自然界はこうしてエネルギーが高まることを嫌うので、両者は互いに相手を押し返そうと反発する。他方プラスとマイナスはこの逆で、互いに引きつけ合う。磁石のS極とN極を用いて簡単に試すことができる。この力がはたらくときには電気をもつものどうしの間で**光の粒子(光子、フォトン)**がやりとりされると考えられている。

4 重力

体重計に乗ると体重計の針が動く、物が上から落下するなどはすべて重力の作用。地球が太陽のまわりを公転するのも、星がガスのように拡散せず巨大なボール状の形を生涯保ち続けるのも重力ゆえだ。

だが重力が作用する距離は他の3つとは比較にならない。宇宙の果てまで、つまり**無限の距離を伝わる。**何億光年離れた天体の重力も、限りなく弱まりながら地球まで届いている。逆もまた同じ。重力は4つの力の中ではとびぬけて弱い。重力が空間を伝わるのは「**グラビトン(重力子《し》)**」という素粒子を介してとされるが、これは仮説の段階。

物理学者たちは、**これら4つの力はもともとひとつの根源的な力が宇宙の進化につれて分かれた**と考えている。そのためこれらをひとつの力に統一しようとしてきた。電磁気力と弱い力はすでに統一された(電弱統一理論)。これに強い力をも統一しようとする努力がいまも続いている。最終的には重力も統一しなくてはならないが、その道のりはあまりにも遠い。●

3 宇宙はどんな速さで膨張しているか?

現代天文学は〝宇宙の膨張〟から始まった

図1⬆エドウィン・ハッブル（右）が世界的業績を残すことになったカリフォルニア州ウィルソン山天文台。左は同僚の天文学者たち。
写真／AIP／矢沢サイエンスオフィス

宇宙の見方を大転換させたハッブル

ビッグバンで誕生した宇宙は、いまに至るまで「**膨張**」し続けている――と誰もが聞かされている。それは常識だと思っている人も少なくない。では具体的にどのくらいの速さで膨張しているのかと問われて答えられる人はいるだろうか? 何か答えた人はおそらく間違っている。なぜなら、さしあたり正解は存在しないのだから。

われわれが生きているこの**宇宙が「膨張している」という見方**のきっかけを世界ではじめて提示したのは、アメリカの**エドウィン・ハッブル**（**図1**）。彼は20世紀最大の天文学者と呼ばれるが、これに異議を唱えられる人はいない。高校では走り高跳びのイリノイ州新記録をつくり、その後ヘビー級ボクサーとしてドイツのチャンピオンを倒したりした。さらに哲学やスペイン語の教師をやり、第一次世界大戦に従軍もした（ちなみに宇宙観測で桁外れの性能を発揮しているNASAの「**ハッブル宇宙望遠鏡**」に彼の名がつけられたため、ハッブルとこの望遠鏡が共に世界中に知られることになった）。

だがその後ハッブルは人生の方向を180度転じた。天文学の世界に招かれ、カリフォルニア州ウィルソン山天文台の当時世界最大の望遠鏡（**図2**）を任せられたのだ。ここでハッブルは天文学と人間の宇宙観を大転換することになるいくつもの業績を上げることになった。そのひとつが1929年の「**宇宙膨張の発見**」である。

図2⬆ 口径100インチ（約2.5m）と当時世界最大のフッカー望遠鏡。ハッブルは銀河の赤方偏移の観測によって宇宙膨張の証拠を発見した。　写真／Kenspencer

「赤方偏移」が示す宇宙膨張の証拠

ハッブルはわれわれの銀河系の外に存在する多数の銀河を観測し、ある重大な発見をした。それらの銀河（実際には銀河中のセファイド変光星。明るさを周期的に変化させる）の光が示す「**赤方偏移**《せきほうへんい》」と銀河までの距離に一定の比例関係があることに気づいたのだ（91ページ**図3**。80ページも参照）。

その関係とは、たとえば地球から見たときの銀河Aが別の銀河Bの2倍の距離にあるときには、Aの赤方偏移はBのそれの2倍であるというものだ。

ここで言う赤方偏移とは、銀河が地球から遠ざかる運動をすると、その光の波長が引き延ばされて観測される現象のことだ。近づいてきた電車が自分の前を通過して遠ざかるときにその音が急に低く聞こえる現象（ドップラー効果）と同じである。逆に銀河が近づくときには光の波長は縮んでいくらか青く見える（青方《せいほう》偏移）。**赤方偏移は天文学の入門用語**でもある。

遠い銀河が例外なく赤方偏移を示す現象は、それらがわれわれからだけでなく他の銀河からも遠ざかっていることを示している。それも遠い銀河ほど大きな赤方偏移を示す、つまり互いにより速く遠ざかっているということだ。このような観測結果は「**宇宙全体が膨張しているから**」にほかならない。

もっともハッブルは当初、自らの発見を宇宙膨張と結びつけてはいなかった。しかしまもなく、他の天文学者などの貢献によって彼の発見が宇宙膨張のゆるぎない証拠とされるようになった。

それまでも宇宙が膨張していると考えた天文学者がいなくはなかったが、それは例外的であった。ハッブルがこの観測結果を公表するより前に一般相対性理論を発表していたアインシュタインも〝**静止した宇宙**〟しか念頭になかった。ハッブルの発見は、天文学者や物理学者が静止した宇宙と正反対の宇宙観を受け入れる文字どおりの大転換をもたらすことになった。

だがそれが事実だとすると、過去にさかのぼれば宇宙はどんどん収縮していき、ついには点の中に消えてしまうことになる。これは、宇宙が点（無）から生まれ、爆発的に膨張していまに至ったという予言でもある。

こうしてハッブルの発見は、**「ビッグバン理論」が誕生する契機**となった（121ページ）。

宇宙膨張と「ハッブル定数」の関係

ここでの関心は、ではいまの宇宙はどんな速さで膨張しているかだ。それによって**宇宙の大きさも明らかになる**かもしれない。

膨張の速さを測るモノサシは、いま見た赤方偏移と距離の関係である。この関係は**「ハッブル（ハッブル＝ルメートル）の法則」**と呼ばれることになり、そこに現れる数値は**「ハッブル定数」**と命名された。

最初のハッブル定数は、**1メガパーセク**（＝326万光年）**につき秒速500㎞**とされた。これを当てはめると2メガパーセク離れた宇宙は秒速1000㎞で遠ざかっていることになる。これはハッブルが用いた巨大望遠鏡の観測をもとにしている。

だがその後、観測技術が飛躍的に向上するにつれ、**ハッブル定数は大きく変化してきた**。現在では、ビッグバンの瞬間に放射された光の残滓《ざんし》（**宇宙マイクロ波背景放射**）を測定し、そこから「**1メガパーセクあたり毎秒約67㎞**」と計算されている。当初よりかなり遅い膨張速度が導かれているということだ。このハッブル定数から逆算して導かれる宇宙の年齢はおおむね140億年ということになる。

ただし実際の宇宙年齢は、ダークエネルギー（第3章7）による宇宙の膨張加速や宇宙の物質密度を加味して計算する（ハッブル定数は正確には現在の宇宙の膨張速度）。

ともあれ、こうして膨張する宇宙ではすべての銀河どうしは互いに離れていく。しかしここで離れるというのは、個々の銀河があっちこっちに移動していくという意味ではない。

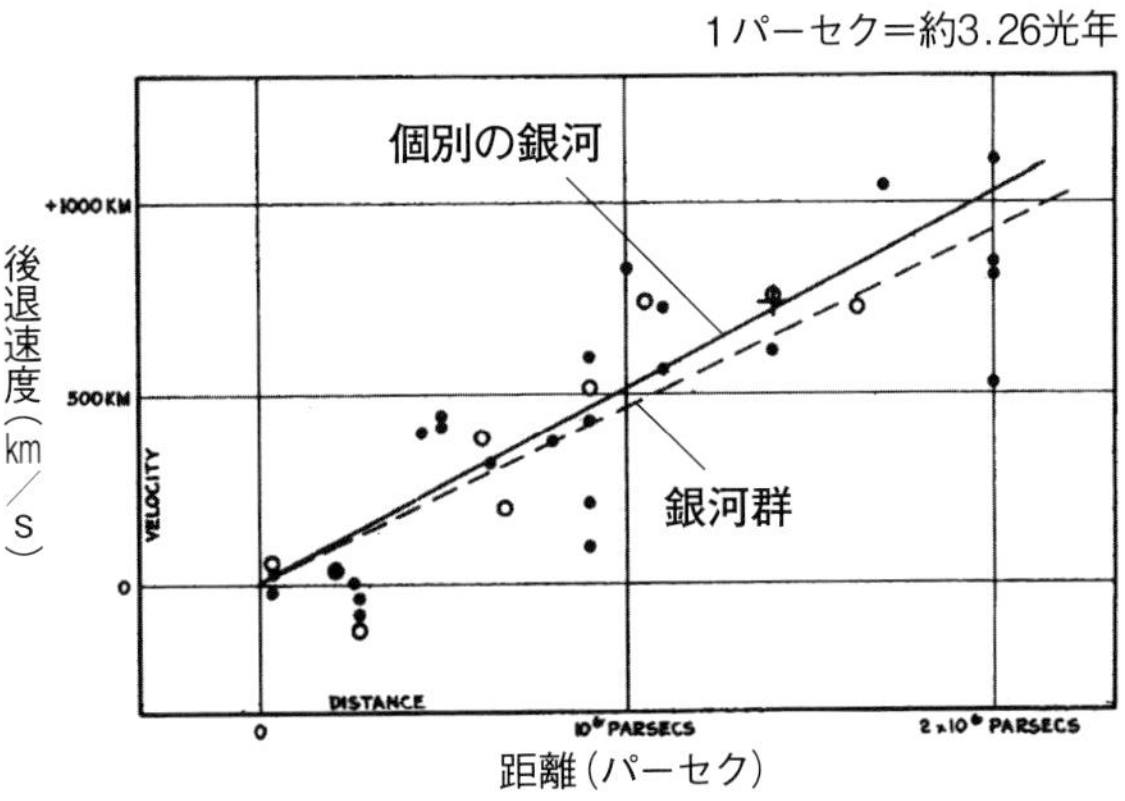

図3 ハッブルの法則

⬅ハッブルが観測から導いた遠い銀河までの距離と赤方偏移の関係。遠い銀河ほど赤方偏移が大きく、われわれからより速く遠ざかっていることを示している。これが世界初の宇宙膨張の証拠とされた。

出典／E. Hubble, PNAS (1929)

宇宙が時間とともに膨張して別の世界に変わるわけでも、宇宙の外にある別の空間へと押し広がっていくわけでもない。重力によって集まった星々の集団である銀河はそこにとどまったまま、宇宙の時空が膨らんでいくのだ。こうして銀河どうしは猛烈なスピードで離れていき、互いに遠く離れるほどそのスピードはますます速まる。

ちなみに現在の物理学では、いかなる物体も光速を超えて運動することはできないとされているが、この制約は時空の膨張には当てはまらない（いろいろな議論があるので不確かだが）。もし宇宙が超光速で膨張するなら、人間は最遠の宇宙は金輪際観測できず、またどこか別の宇宙からこの宇宙を観測することもできないことになる。

ハッブル定数は〝定数〟ではない？

ところで、いま見た宇宙の膨張速度（ハッブル定数）は、2022年春のいま、さらなる混乱の中にある。というのも、正確に測定したはずのハッブル定数が、近傍の宇宙と宇宙背景放射（＝遠方の宇宙）で食い違うためだ。近傍の宇宙を詳細に観測した複数の研究では、1メガパーセクあたり毎秒74㎞前後のハッブル定数を出しており、NASAとESA（ヨーロッパ宇宙機関）も2016年、宇宙背景放射にもとづく予測より宇宙は5～9％も速く膨張していると報告した（最新の別の観測では毎秒約70㎞）。

このようにハッブル定数は数値がばらけるうえ、宇宙史を通じて変化してきた可能性も指摘されている。つまりハッブル定数はもはや〝定数〟ではないかもしれないのだ。

こうした経過から、宇宙の膨張速度はいまだ確定してはいない。問題はむしろ、膨張を加速させているものの正体が、ダークエネルギーかあるいは何か別のものなのかまったく不明な点だ。宇宙はいまだ濃霧の中にある。

ちなみにこの問題のパイオニア、エドウィン・ハッブルは1953年、脳血栓《けっせん》症で死去している。●

4 クエーサー、宇宙でもっとも明るい天体

太陽の4兆倍のエネルギーをいかにして生み出すか

樹木を切り倒して観測

読者の中には宇宙についての知識が豊富で、「**クエーサー**」という天体についても知っている人がいるに違いない。このカタカナ語は英語の〝**quasar**〟に由来し、この英語はさらに〝**quasi-stellar radio source**〟つまり〝**星のような電波源**〟の短縮形として生まれた。

日本では以前は準星《じゅんせい》とか準恒星状天体などと呼ばれていたが、いまでは天文学者もクエーサーとしか言わない。たしかに準恒星状天体などと聞かされれば「何それ?」で終わってしまいそうである。英語の発音はクェイザーに近い。

この謎めいた天体の存在がはじめて報告されたのは1950年代、宇宙の未知の領域からやってくる奇妙な電波がとらえられたというものだ。数年後(1962年)、今度はアメリカの天文学者アラン・サンデージらが、とんでもなく強い電波を出しながら青く光っている星のような天体を発見した。強力な電波を出す星——いったいそんな天体があり得るのか? 天文学者たちは大興奮に包まれた。

同じ時期、今度はイギリスの天文学者シリル・ハザードが、月食のタイミングと電波望遠鏡とを利用するというユニークな手法でその謎の天体をとらえた。彼はさらによく観測しようとオーストラリア東部のパークス電波天文台(**図**

図1➡オーストラリアのパークス電波天文台。アンテナの口径は64mで、多くのパルサーやクエーサーを観測したほか、アポロ11号の月着陸映像や惑星探査機の映像も受信している。現在も稼働中。
写真/CSIRO/Shaun Amy

注1/電波天文学
電波(電磁波のうち波長の長い領域)を観測し、天体を研究する学問分野。可視光では見えない星間ガスなども観測できる。1931年のカール・ジャンスキーによる銀河系中心からの電波の発見に始まり、1950~70年代にクエーサーやパルサーなどの強い電波源、宇宙背景放射などが発見され、電波天文学の基礎が築かれた。

1）を予約したものの、途中の電車に乗り遅れた（！）ため観測時間に間に合わなかった。

　そこで天文台長の**ジョン・ボルトン**らが急きょ代打を務めた。目指す電波源の方向が地平線近くであったため、彼らは視界を遮《さえぎ》る木々を伐採し、さらに巨大な電波望遠鏡の安全ボルトをゆるめて望遠鏡を地上すれすれまで傾け、ようやく観測に成功したのだった。天文学者は宇宙ばかり見上げていて地上であわててはいけない。ちなみにボルトンはその後、当時誕生してまもなかった「電波天文学」（**注1**）のパイオニアとなる宿命だった。

図2⬆銀河中心のクエーサー3C273の輝きが銀河全体の明るさを凌駕するため、クエーサーを隠して撮影された。銀河の渦巻く腕がかすかに見える。さしわたし6万5000光年。
写真／NASA/ESA

　ちなみに、後にこのような電波源を出す小さな天体をクエーサーすなわち星のような電波源と呼ぶのは誤った呼称だとする指摘が日本の国立天文台から出された、という記述を筆者は海外の文献で見かけた。電波を出す天体のうちクエーサーと呼べるほどの強い電波を出すのは10％にすぎず、この呼称はその正体を明らかにする上で障害になったということらしい（当時の詳細を確かめることはできなかったが）。

太陽の9億倍のブラックホール

　ともあれ、こうして電波でとらえられた謎の天体は「**3C273**」（**図2**）と命名された。素人には味気ない命名だが、これは「**ケンブリッジ電波源カタログ第3版273番**」をそのまま呼称にしたものだ。観測によればその天体は毎秒4万7000km——光速の16％——という超高速で地球から遠ざかっており、くわえて異常と思えるほど莫大なエネルギーを放出していた。

　その後3C273は光学望遠鏡でも観測されたが、それはかすかな星のような光でしかなかった。だがそれから数十年がたってNASAの「ハッブル宇宙望遠鏡」が登場すると、3C273はしだいにその驚くべき姿を見せはじめた。

　ハッブル望遠鏡の史上最高の高解像度で観測した結果、**3C273はおとめ座のある銀河の中心**に存在し（**図2下**）、きわめて強力な電波を出していることがわかった。そればかりでなく、可視光で観測したときにクエーサーとしては全天一明るい天体であることも明らかになった。地球からの距離は24億4300万光年と計算された。

その明るさは絶対等級マイナス26・7。わかりやすく言うなら、このクエーサーを地球から10パーセク（約32光年。地球―太陽は0・000016光年）の距離にもってきたとすると、その明るさはわれわれが日ごろ見ている太陽と同じになる。これは実際の明るさが〝**太陽の4兆倍！**〟で、銀河系全体より何万倍も明るい。3C273とはいったい何なのか？

これまでの観測をもとにすると、この**クエーサーの質量は太陽の約9億倍**と計算されている。さらに、この天体の中心核は当初計算されたよりもはるかに高温で、いまでは〝**10兆度以上！**〟と見られるようになっている。ここまでくるとわれわれにはもはや言葉もない。

天文学者の中には、こうした推定には何らかの間違いが紛れ込んでいるとの疑問を呈した者もいる。たとえばクエーサーの示す「赤方偏移《せきほうへんい》」――天体が宇宙を後退する速度を示し、地球からの距離の計算に用いられる――があまりにも大きいが、これは何か別の理由で生じているといったような。だが結局これは正しいという結論になっていまに至っている。

同様のクエーサーはその後いくつも見つかったが、それらはみな銀河の中心にある天体であり、そのとんでもない明るさのため母銀河の星々の光がかき消されており、そのため電波でしか観測されにくいこともわかった。

いまの宇宙には存在しない？

だが、クエーサーが放出しているあまりにも莫大なエネルギーを生み出すしくみは何か？

そこで世界の多くの天体物理学者が、前代未聞のこの天体のエネルギー放射をうまく説明し、なおかつ物理学的に空理空論ではない宇宙構造を考察した。そして答が導かれた。それは「**クエーサーは超々巨大質量のブラックホールである**」というものだった。

言うを待たずブラックホールとは、そこからはどんな物質も、光さえも逃げ出すことのできない場所、われわれの物理学が崩壊している世界である（8ページ記事参照）。

ブラックホールは質量が太陽の数倍以上の星が死んだあとにできるが、それはこの宇宙ではごくごく小さい部類だ。大きなものになると際限がない。ましてクエーサーの中心にあるはずのブラックホールとなると、その質量は太陽の何百万倍、何千万倍、何億倍、何十億倍もあり得る。

こうした宇宙のモンスター的なブラックホールは必然的に、

その周囲を円盤状に回転する巨大なガス（**降着《こうちゃく》円盤**。17ページ図2上）に囲まれている。そしてそのガスは、ブラックホールに向けて渦を巻きながら超高速で吸い込まれるときに、互いに衝突し合って際限なく高温となる。降着円盤のこのしくみはもっと小さなブラックホールでも同じである。

こうして超高温となったガスが熱を放射し、その波長の領域（放射スペクトル）は、目に見える可視光からX線にいたる非常に広い範囲にわたる。天文学者たちはそれを何十億光年のかなたから観測することになる。

クエーサーの中心にあって超巨大な質量をもつブラックホールに目を向けると、その大きさは太陽系全体ほど、つまり直径90億㎞にも達する（これは海王星をもっとも外側の惑星とした場合。いまだ惑星系の一員かどうか未確定のエリスやセドナを最外縁とすればこの何倍も大きいが）。

しかし最大の謎は残ったままだ。つまり、これほど**巨大な質量のブラックホールを内部に抱えるクエーサーがどのようにして出現したか**である。これは研究者たちに突き付けられたもっとも困難なテーマである。

いまだ確定的ではないが、ひとつの仮説はこうだ。

ある銀河の中心に巨大なブラックホールがあり（ほとんどの銀河は実際にそうなっている）、その周辺宇宙に十分すぎるほどの物質（星々や星間ガスなど）が分布していると、それらはブラックホールの重力によって際限なく吸い寄せられ、ブラックホールをめぐる降着円盤を生み出す。この円盤はしだいに巨大化し、ブラックホールに吸い寄せられるにつれて物質密度が高まり、非常な高温となる。その結果、降着円盤は宇宙空間に向けて放射エネルギーを放つようになる。この過程は何千万年、何億年の時間とともにいっそう激しく進行し、ブラックホールと降着円盤の全体がクエーサーと化していく――このシナリオにはさしあたり疑問点が見つからない。

だが、こうした過激な条件をそなえている銀河は限られる。生まれてまもない若い銀河、ないしは銀河どうしの衝突を起こして形を崩しながらも合体した銀河のみだ。われわれの銀河系の星々は何千億個あってもそこそこ年をとっている。だから遠い未来にアンドロメダ銀河との衝突が起こるまで、クエーサーの候補は出現しそうにない。

こうして見ると、観測されるクエーサーがみな何十億光年ものかなたにあり、同時に宇宙がまだ若かった何十億年も昔の若い天体である理由がわかる。われわれの銀河系の中心も、周囲にいまより多くの物質が集まっていたころは激しく活動するクエーサーであったが、その後それらの物質をほとんど呑み込んでもはや高熱を発しなくなり、穏やかなブラックホールに変わってしまったのかもしれない。●

5 「宇宙大規模構造」を発見した女性天文学者

グレートウォール、ヴォイド、泡構造

最初に「グレートウォール」を発見

なぜか理由ははっきりしないが、天文学者や天体物理学者の大半は男性である。ようやく近年、この世界にも女性の名を見るようになってきた。それも平凡な研究者というのではなく非常に大きな天文学的業績を上げつつある人々である。

ここでは、そうした女性天文学者の一人が歴史的業績を上げた事例に注目する。それは、いまでは多くの人々が知っているか少なくとも聞いたことのある宇宙の新しい真実、グレートウォールやヴォイドなどの「**宇宙大規模構造**」の発見についてだ。

これらの壮大な宇宙構造の発見によって、われわれの宇宙像に甚大《じんだい》な影響を与えることになった女性天文学者、それはハーバード大学およびハーバード・スミソニアン天体物理学センター教授**マーガレット・ゲラー**（図1）である。

図1⬇グレートウォールを発見したマーガレット・ゲラー。日本滞在時に筆者が撮影。写真／矢沢サイエンスオフィス

彼女の発見は当時世界中のメディアで報じられ、日本でも話題になって、講演のため招聘《しょうへい》されてもいる（このとき若き日のゲラー教授は筆者の東京六本木の仕事場に立ち寄り、共に車で国内旅行をし、当時の出版物に寄稿もした）。

ゲラーはなぜ発見できたのか？

ゲラーは1980年代後半、同僚の**ジョン・ハクラ**とと

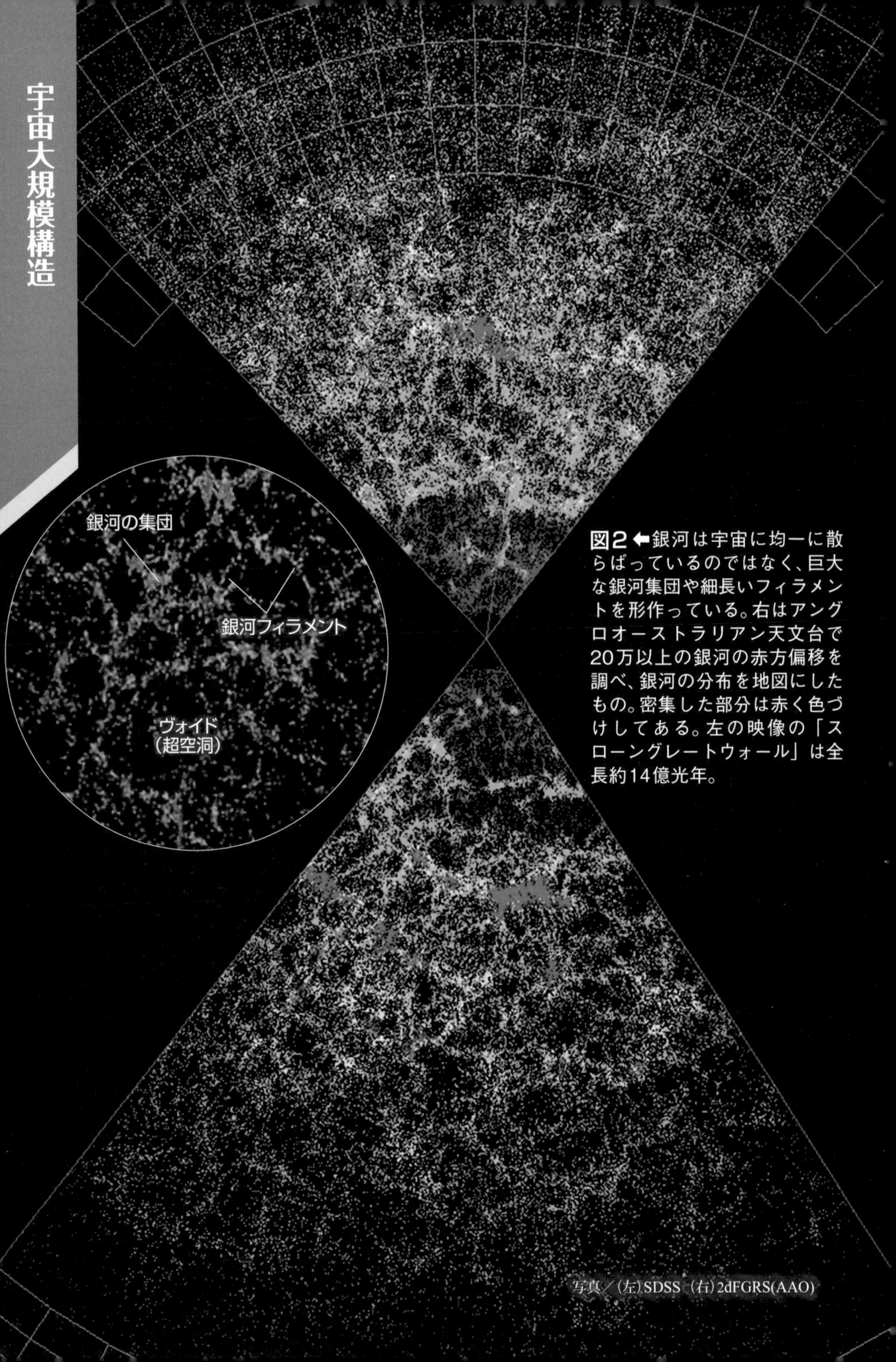

図2 ⬅銀河は宇宙に均一に散らばっているのではなく、巨大な銀河集団や細長いフィラメントを形作っている。右はアングロオーストラリアン天文台で20万以上の銀河の赤方偏移を調べ、銀河の分布を地図にしたもの。密集した部分は赤く色づけしてある。左の映像の「スローングレートウォール」は全長約14億光年。

もに１１００ほどの北天の銀河の距離を測定した（遠い銀河の距離はその光が示す赤方偏移《せきほうへんい》〈波長のずれ〉から導き出す）。最終的に測定した銀河の数は１万８０００にのぼった。ゲラーがリーダーとなって行ったのは、銀河サーベイとか赤外線掃天《そうてん》観測と呼ばれる手法を３次元に拡大するものだった。彼女はこれによって宇宙の３Ｄマッピング、つまり宇宙の立体地図をつくり出そうとしたのだ。

その結果彼女は、それまで天文学者たちが想像もしなかった宇宙の真実を発見することになった。宇宙には何千億もの銀河が存在するが、それらは得手勝手ばらばらに存在するのではなかった。彼女たちが調べた領域に、膨大な数の銀河が**〝全長５億光年、全幅２億光年〟にわたって壁のように並んでいるとほうもない姿**が出現した。この長さと幅に対して厚さはわずか１５００万光年――宇宙の長大な壁のごとき構造が浮かび上がったのだ（前ページ**図２**）。

実際、この宇宙の巨大構造は万里の長城の名を借りて**「グレートウォール」**と名づけられた。全長５億光年をキロメートルで表すと数字の後にゼロが20個以上も並ぶことになり、読者は読む気が失せるに違いない。中国の万里の長城はいまは全長５００km程度、建設時の合計は2万kmほどというから、宇宙のグレートウォールはその〝無限倍〟と言ってよいほどの長さ（距離）である。

なぜゲラーより前にこうした構造が発見されなかったのか？　理由はかなり明白だ。天文学者たちはそれまで宇宙を３次元的に観測できるとは思わなかったからだ。全天（彼女の場合は北天）の掃天観測の様子を見た彼女は、そこに宇宙の３Ｄマッピングの可能性を見出したのだ。

さらに彼女は、非常に多くの銀河が直径１億光年の石鹸の泡のような〝バブル〟の表面に並んでいることも明らかにした。**宇宙の「泡構造」**の発見である。くわえて、これらの宇宙構造どうしの間には、銀河がまったく存在しない、またはごくまれにしか存在せず物質密度の非常に低い**「ヴォイド」**が存在することをも明らかにした。ヴォイドとは文字どおり何もない大空洞、さしわたし何億光年にも及ぶ暗黒の穴のごとき空間である。

こうして、宇宙には天文学者たちをもびっくりさせずにおかないさまざまな構造の存在が明らかになり、これらの構造は以後まとめて「宇宙大規模構造」と呼ばれることになる。英語のラージ・スケール・ストラクチャーを略して「ＬＳＳ」とも呼ぶ。

宇宙大規模構造が導く21世紀的宇宙

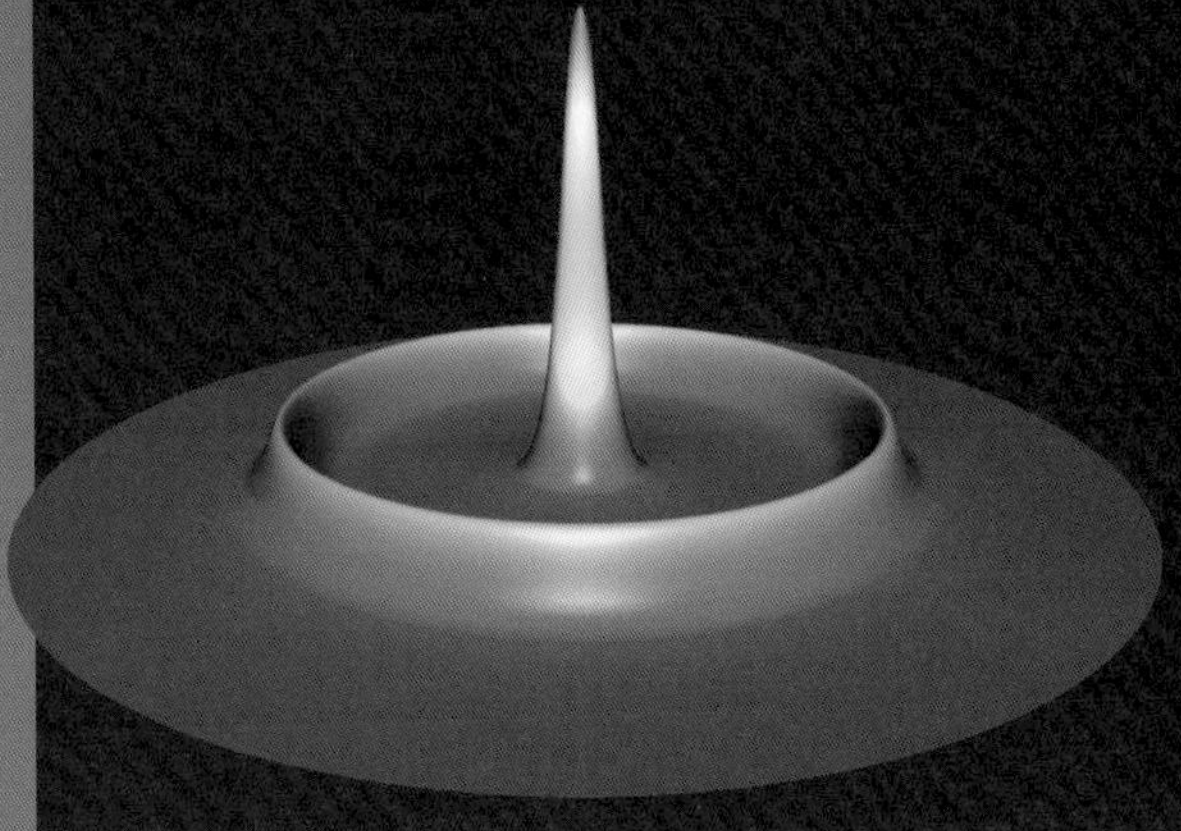

図3　バリオン音響振動

⬅宇宙最初期、微小な空間に満たされた光と濃密な粒子（バリオン）はひとつの流体のような状態であり、その内部のゆらぎは波（音波のような密度波）として周囲に伝播した。この波の重なりが宇宙背景放射のゆらぎとしていまも観測されるという。

作図／細江道義　資料／Physics Today, April (2008) p47

銀河や星間物質がつくる大規模構造の存在は何を意味するのか？

天文学者たちはその構造から、宇宙空間にはたらいている重力の大きさを知ることができる。地球からさまざまな銀河までの立体的距離がわかれば、その銀河の年齢を推定できる。また重力が銀河などの物質を引き寄せることにより、どのようにして銀河の集団――銀河群や銀河団や超銀河団（41ページコラム参照）――を生み出すのかを考察できる。

さらに、こうした構造から未解明の「**暗黒物質**」（100ページ参照）の分布や、時間経過とともに宇宙がどのように進化するかもわかる可能性がある。最近では、こうして明らかになってきた宇宙構造を、空間にびっしりと張り巡らされたクモの糸やインターネットのイメージに重ねて「**宇宙ウェブ（網）**」と呼ぶことがある。

宇宙大規模構造は、**誕生直後の物質宇宙が生み出したであろう物質空間のさざなみ**――「**バリオン音響振動**」（図3）と呼ぶ――の現在の姿かもしれない。マーガレット・ゲラーらの発見は今後、宇宙の謎の解明に決定的な役割を果たすと期待される。

ちなみにゲラー教授はこの発見の後も宇宙マッピングなどの分野でさまざまな業績を上げ、多数の栄誉賞などを受賞している。他方彼女と協力してグレートウォールの発見に貢献し、また「アインシュタインの十字架」と呼ばれる重力レンズ効果（**注1**）を生み出している重力源に〝**ハクラのレンズ**〟の名を残したジョン・ハクラは、2010年に急死している。●

注1／重力レンズ効果　はるか遠方の天体Aの光が手前にある天体Bの近くを通って地球に届くとき、その進路が天体Bの重力場に曲げられ、位置がずれて観測される現象。ときには進路が分岐してAが複数に見えることもある。

6

光を発しない銀河の主役「ダークマター」はどこにあるか？

ふつうの物質か未知の極低温粒子か

ダークマターがないと困る理由

「**ダークマター**」または「暗黒物質」と呼ばれる〝何ものか〟に、宇宙に多少とも関心のある者なら耳をそば立たせずにはいられない。とにかくこの宇宙の**全物質（質量）の27％**はこの物質で占められているというのに、それがどこにどんな姿で存在するのか天文学者たちは皆目わかっていないのだ。

　宇宙にこの謎の物質が莫大に存在するはずだということになったきっかけは、1930年代に**フランツ・ツヴィッキー**というアメリカの天文学者が、かみのけ座銀河団の中の銀河の動きの不自然さに気づいたことだった。ツヴィッキーはいつも同僚の天文学者たちを罵倒《ばとう》せずにはおけないという人物だったが、生涯に相当の業績を残してもいる。

　第二次世界大戦前に残した彼の疑問ないし指摘は、半世紀後の1980年代になると、もはや世界の天文学者たちの共通認識となっていた。彼らは「巨大な銀河や銀河団を重力によってひとつにまとめている物質（の大半）はわれわれには見えていない」と確信するようになった。

　その理由のひとつは、銀河の質量と公転のしかたが一致しないことである。たとえばわれわれの銀河系は約2億3000万年で1回転しているが、もし観測可能な物質しか存在しないなら、銀河系の回転速度は中心から遠ざかるほど遅くなるはずだ（風呂の中で湯をぐるぐるとかき回してみればすぐにわかる）。ところが実際には、銀河系のどこをとっても速度はほとんど同じである。

　逆に、中心から遠い星々――われわれの太陽系もその一部――にとって現在の回転速度は速すぎるため、本来なら遠心力で宇宙空間に飛び散るはずだ。実際にはそうはなっていない。

ダークマターの候補は出たが――

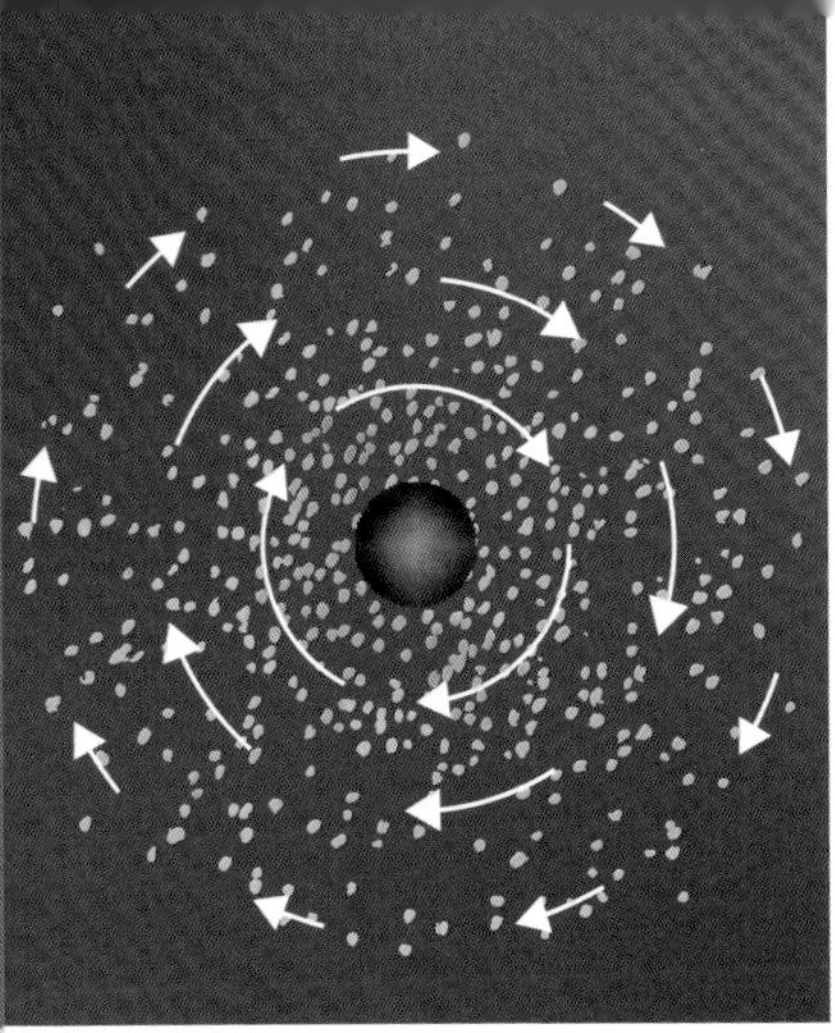

図1 ⬆銀河が回転するとき、その周囲の円盤（銀河円盤）は重力によって引きずられ、中心から遠いほど回転が遅れるはずだ。しかし実際にはほとんどの銀河の円盤はほぼ同じ速度で回転している。これは銀河には観測できるよりはるかに多くの質量（ダークマター）が存在するためとみられる。
資料／J. Bennett et al., The Essential Cosmic Perspective (addison wesley)

この謎を解決しようとして提出された答、それが、銀河の中にはとほうもない量の〝見えない物質〟が存在するというものだ。それは光では観測できない暗く冷たい物質のはずなので「ダークマター」と命名された。

その後、宇宙に銀河の大集団（銀河団や超銀河団など）が存在するのも、宇宙の初期段階でダークマターの強い重力が物質を引き寄せたため、こうした大規模な構造の〝タネ〟が形成されたとする見方が強まった（96ページ参照）。

1980年代にダークマターの存在がはっきりと認識されてから30年ほどの間に、その正体についてさまざまな仮説が出された。思いつき程度のものもあったが、21世紀に入ったころ、ようやく注目すべき仮説が登場した。

ひとつは、ダークマターといってもその正体はふつうの物質（バリオン物質）で、単に電磁波では観測困難な天体ではないかというものだ。たとえば非常に小さくて温度の低い**褐色矮星《かっしょくわいせい》のような星々とか小さなブラックホール**などだ。だが重力による光の曲がり方などを利用した観測では、いまのところこれらの天体はダークマターと見るには数が少なすぎるようだ。

いまひとつは「**コールド・ダークマター（冷たい暗黒物質）**」。これは文字どおり極低温の未知の物質である。星や惑星をつくっているような原子からなる物質ではなく、**他の物質とほとんど反応しないため観測がきわめて難しい**。その候補として「ウィンプス」「アクシオン」（**注1**）などの粒子があげられているが、これらは観測されたことがないだけでなく、宇宙に存在するあらゆる粒子の理論（素粒子の「標準理論」。**注2**）にも含まれていない仮想的存在である。世界の研究機関がこれらの粒子を探しているが、2022年はじめのいまも発見の報は届いていない。ダークマターは文字どおりダークのままである。●

注1／ウィンプス、アクシオン
ウィンプスは電磁気力が作用せず、弱い力と重力のみがはたらく粒子。超対称性粒子（135ページ注1）の一種ニュートラリーノなどが候補にあがっている。アクシオンは強い力に関する対称性の破れによって発生する粒子。

注2／素粒子の標準理論
宇宙の事象を17種類の基本粒子（素粒子）によって説明する理論。素粒子は、物質をつくるクォークとレプトン（電子など）、力を媒介するゲージ粒子（光子など）、粒子に質量を与えるヒッグス粒子に大別される。

7 宇宙の質量の大半を占める「ダークエネルギー」とは何か？

宇宙の膨張を加速させる謎のエネルギー

アインシュタインの〝最大の失敗〟

いまから20年ほど前まで、ゼロからの大爆発**ビッグバン**で生まれ、以来膨張し続けているとされるこの宇宙の未来の運命については、3つの仮説が存在した（ビッグバン理論については121ページ記事参照）。

第1は、宇宙はいまの膨張を永遠に続け、ついには絶対0度（マイナス273度C）の極低温が広がる冷え切った暗黒空間になるというもの。第2は、宇宙は宇宙自体がもつ重力に引き寄せられてしだいに膨張速度を落としつつも、どこまでも膨張を続けるというもの。そして第3は、宇宙自身の重力によって宇宙の膨張はついに停止し、そこから逆に収縮に転じて、ついには1点へと呑み込まれて消滅してしまう（ビッグクランチ説）というものだった。いま40代以上の読者なら記憶しているに違いない。

1970〜80年代、さまざまな出版物から宇宙論（＝宇宙の誕生と進化の研究）の解説を求められた宇宙論学者や科学解説者たち（筆者もそのひとりだが）は、判で押したような同じ説明をくり返した。図解入りでだ。だが21世紀に入るころから状況が変わった。いましがたの3仮説のうち第2と第3はほぼ消滅し、何とか生き延びた第1の仮説も内容が変質していったのだ。

なぜそんなことになったのか？　それには理由がある。その理由とは、宇宙の膨張が永遠に続くか、または途中で膨張が止まって宇宙収縮に転じるかの理由に強力な横やりを入れるほどの〝新発見〟が行われたことだ。

図1 宇宙をつくる物質（質量）の割合

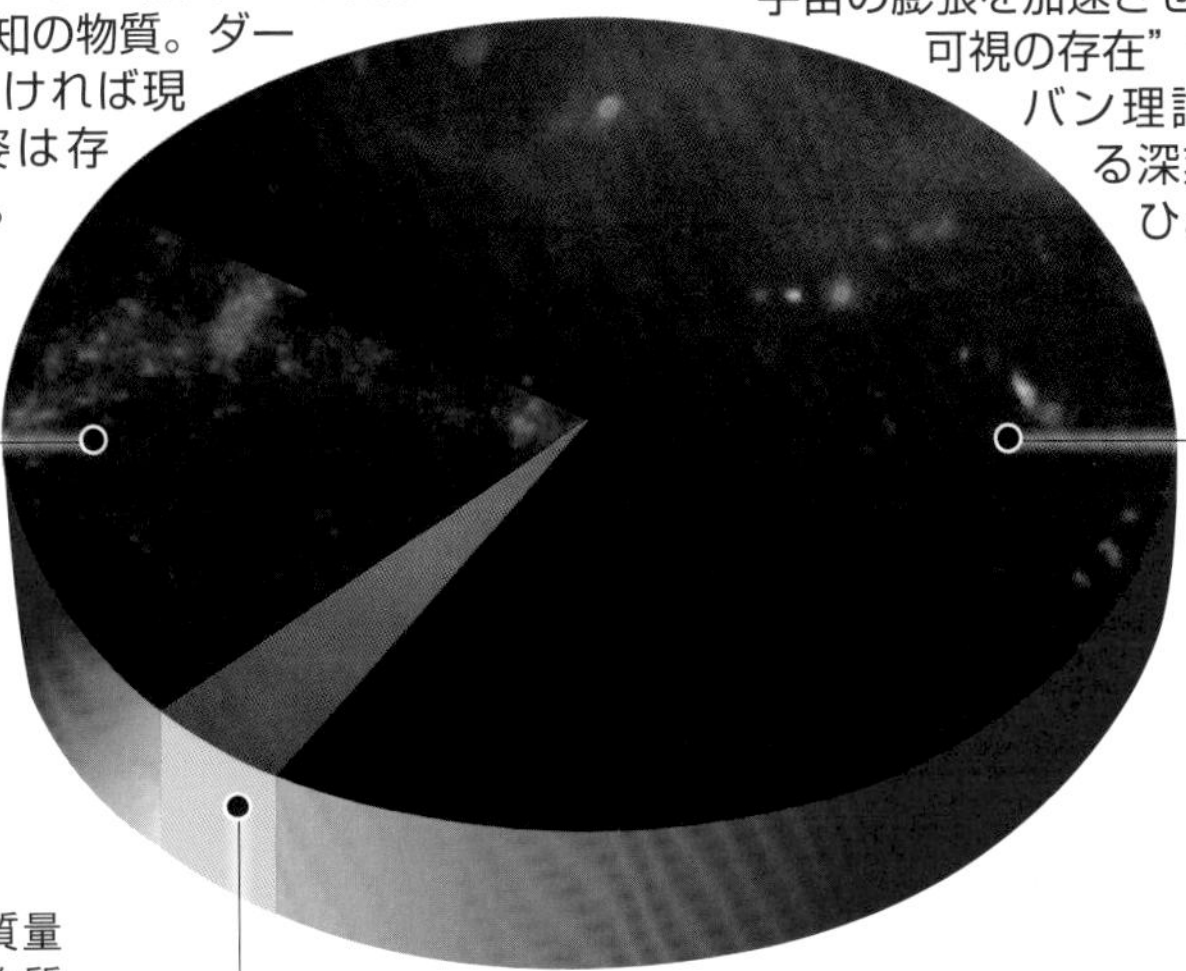

ダークマター　27パーセント
電磁気力の影響を受けないので観測不能だが、ふつうの物質と重力相互作用を行う未知の物質。ダークマターがなければ現在の宇宙の姿は存在しなかった。

ダークエネルギー　68パーセント
宇宙の膨張を加速させている“不可視の存在”で、ビッグバン理論が直面する深刻な問題のひとつ。

“ふつうの物質（バリオン物質）”　5パーセント
ふつうの物質は宇宙の全質量の5パーセントでしかなく、星や銀河など人間が観測可能な天体はさらに少ない。

➡宇宙を構成する質量のうち、ふつうの物質はわずか5%、残りは未知のダークマターとダークエネルギーだとされている。

そもそも宇宙全体が膨張しているのは、冒頭で見たように、ビッグバンで爆発的に誕生した宇宙が、138億年後のいまに至るまで爆発による膨張力を維持しているためだ。

膨張にブレーキをかける力といえば、それは宇宙全体の質量（宇宙の物質密度から導かれる）のもつ重力が宇宙全体に及ぼす引力である。銀河や星々などのすべてが、その引力によって互いをつねに宇宙の中心側へと引き寄せるように作用している。

もし宇宙の全質量が十分に大きければ重力も大きいので、それが生み出す引力によって膨張にブレーキがかかり続ける。その結果、膨張速度はしだいに遅くなっていつかは（何百億年もの未来だが）停止し、ついで今度は宇宙全体が収縮しはじめる。他方、宇宙の質量がある基準より小さいなら膨張を抑える力が不十分のため、膨張は永遠に続く。

ところが実際の宇宙を見ると、当時まで少なくとも膨張速度が遅くなっているように観測されたことはなかった。

だがまもなくこうした宇宙像がつまずくときがやってき

図2⬅宇宙膨張の〝加速〟を見いだしたハーバード大の〝いかれた教授〟ロバート・カーシュナー。
写真／Peter Catalana／矢沢サイエンスオフィス

た。1998年、ハーバード大学の〝いかれた教授〟と愛称される**ロバート・カーシュナー**（キルシュナーとも。前ページ図2）など複数のグループが、**宇宙の膨張は遅くなるどころか逆に「加速している」**という、宇宙論の根底に爆弾を投げつけるような論文を発表したのだ。筆者はこれを見てびっくり仰天し、彼にハーバードでのインタビューを申し込み、彼は快く受け入れた。そしてインタビュー全文を当時の出版物に翻訳して掲載した。

〝膨張加速の発見〟の根拠は、ハッブル宇宙望遠鏡で観測したはるか遠くの数十の超新星（超新星については20ページ参照）の距離と「赤方偏移《せきほうへんい》」の関係であった。距離に対してそれらの星々はより大きな赤方偏移を示した。これは、理論が予測するより速い速度で互いに遠ざかり、地球からも遠ざかっていることを示していた。これが意味することは「宇宙の膨張は加速している」ということだ。

はじめ他の宇宙論学者たちは彼の発見にほとんど目を向けなかった。保守的な科学者は既存の理論や見方に反することに抵抗感を示す。理論を変えようとする奴は科学がわかっていないと。だが理論や定説をむじゃきには受け入れない筆者はカーシュナー教授の指摘に喜んで反応した。いかれているほうが新発見につながる可能性が高いからだ。

前述の3つの仮説はおそらく**アインシュタインの初期の重力方程式**から類推されたものだ。その重力方程式にははじめ「**宇宙定数（λ：ラムダ）**」なるものが含まれていた。これは、何か得体のしれない〝エネルギー体〟が全宇宙を満たしているという意味だった。このようなものが存在しないなら宇宙は安定して存在できず、すぐにつぶれてしまうとアインシュタインは考えたのだ。だが彼はまもなくこれを撤回し（重力方程式からその記号だけを削除し）、ずっと後に「あれは人生最大の失敗だった」と言って後悔した。有名な話だ。

こうした経過を踏まえると、もし宇宙膨張が加速しているのが事実なら、そこには宇宙定数のような何か別の未知の力、未知のエネルギーの存在を考えなくてはならない。世界の宇宙論学者たちは考えかつ追いつめられた。いかれたカーシュナーが余計な発見をしおってと。

そして仮の答が提出された。それは「**ダークエネルギー**」というものだった。ダーク（暗黒）では逃げを打っているようにも見えるが、それは得体のしれない莫大なエネルギーを秘めた場（フィールド）という意味だった。このダークエネルギーが宇宙を外側へと押し広げ、膨張を加速させているというのだ。無理のありそうな仮説ではある。

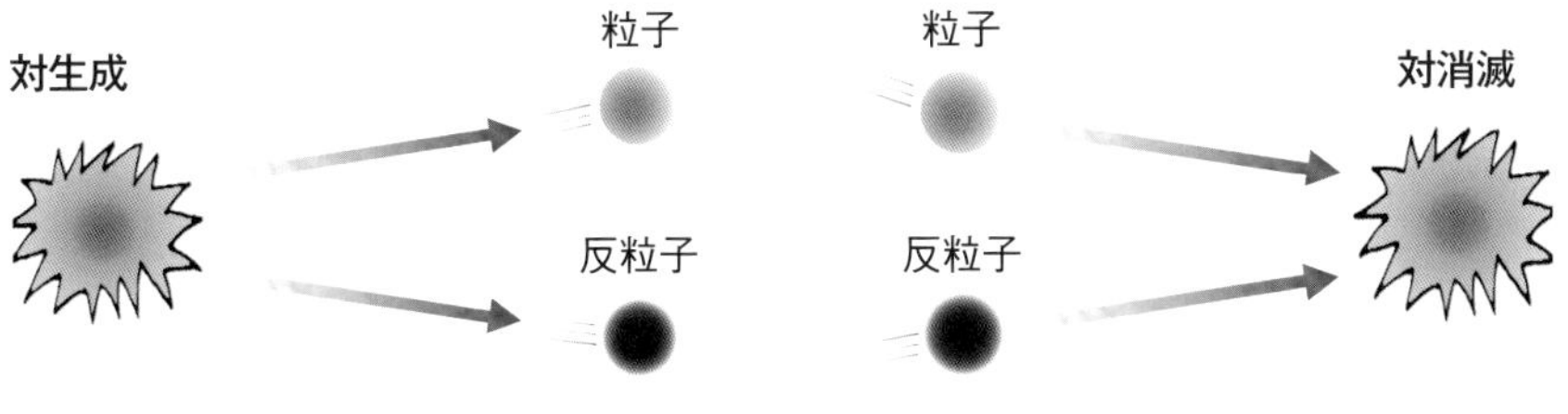

図3⬆量子論によれば、物質がまったく存在しない真空でも粒子が生成と消滅をくり返している。これが反発力（＝真空のエネルギー）としてはたらく？

21世紀も20年あまりすぎたが、ダークエネルギーが何ものかはわかっていない。わかっているのはただひとつ、そのエネルギーがどれほどの力ないし量かだけだ。それ以外は、これを書いている2022年はじめのいまもまったき暗中模索のただ中である。

だがこれはあまりにも重大な未知である。これがわからなければ人間の宇宙観はほとんど体をなさない。宇宙論学者も解説者も知ったかぶりで宇宙を語ってはいけない。尻をからげて逃げ去るべしである。

宇宙膨張の加速の大きさから理論的に導かれるダークエネルギーの大きさ――それは目もくらむほど巨大である。つまりこの**宇宙の全質量の68%がダークエネルギー**だということになる。前出の「**ダークマター（暗黒物質）**」は宇宙の全質量の約27%とされるので、両方を合わせると実に宇宙の95%はこれらによって占められている。残りのわずか5%が、宇宙の話に出てくるすべての銀河や星々の合計質量ということになる（103ページ**図1**）。

とはいえ、ダークエネルギーが何ものかについてこれまでにいくつかの仮説は出されている。

●第1の仮説
空っぽの空間のエネルギー

ダークエネルギーは宇宙空間のひとつの性質である。アインシュタインは20世紀前半に早くも「空っぽの空間は何も存在しない空間ではない」と述べたが、空虚に見える空間は実際にはさまざまな驚くべき性質をもっている。すでに見たように彼の最初の重力方程式には「宇宙定数」なるものが含まれていたが、この定数こそが実は空間の性質を予言していた。それは「空間はその内部に別の空間をもち得る」というものだ。そしてこの予言からは第2の予言が生じる。それは「**空っぽの空間にもエネルギーがあり得る**」というものだ。

この見方が示唆するひとつの可能性はいわゆる〝**真空の**

エネルギー〟だ。空間は本来、物質が存在しなくともエネルギーをもつとする量子力学的な見方である（**注1**）。空っぽに見える空間でも、実際にはそこでたえず粒子が生成と消滅をくり返しているという（**図3**）。科学者がそのエネルギーの量を調べようとして空間を小さく区切れば区切るほど、生成し消滅する粒子が増えるため、とんでもなく間違った答しか得られない。その誤差は10の120乗（1の後にゼロが120個！）で、人間の理解の外である……

宇宙定数が示すエネルギーは空間のもつ本来的性質なので、宇宙が膨張しても消えることはない。**膨張によって空間が増えれば増えるほどこのエネルギーも増えていく**。そしてこのエネルギーが増えることによって宇宙空間には互いをはね返そうとする斥力《せきりょく》（反発力）が生じ、それが宇宙の膨張を加速させる……アインシュタインは生前に後悔したことをあの世でまた後悔しているかもしれない。

●第2の仮説

第5の力「クインテセンス」が存在する

ダークエネルギーは未知のエネルギー体（エネルギー場）で、宇宙全域を埋め尽くしている。宇宙に対するその作用はふつうの物質やエネルギーのそれとは真逆である。これは宇宙の4つの力（重力、電磁気力、弱い力、強い力。87ページ参照）に次ぐ**第5の力で「クインテセンス」**と名づけられたものの、なぜそのようなものが存在するかなどについては何も説明されていない。

●第3の仮説

アインシュタインの重力理論は間違いだった！

最後の仮説は、そもそもアインシュタインの**重力理論は間違っていた**というものだ。そしてダークエネルギーは宇宙の膨張に影響を与えているだけでなく、われわれの知っている宇宙の物質——銀河や星々——の有りようにも影響しているという。

この仮説はアインシュタインの重力理論（重力方程式）の書き直しを要求する。だがその未知の理論は、従来の理論が立派に説明してきたように、太陽をめぐる惑星の公転運動や銀河の運動なども当然のごとく説明できるものでなくてはならない。誰かがどこかでいま、そのような理論を生み出そうと呻吟《しんぎん》しているかもしれない。●

注1／真空のエネルギー
量子論によれば、真空は空っぽの空間ではなく、たえず粒子と反粒子（電荷以外の性質が同じ粒子）が対で生成しては消滅している。そのために真空は完全にエネルギー0の状態にはならず、わずかにエネルギー（真空のエネルギー）をもつとされる。

宇宙最大のエネルギー現象「ガンマ線バースト」

⬆2個の超高密度の中性子星が衝突し、ガンマ線バーストが放たれた瞬間。衝撃で生まれた大量の元素は周囲に飛び散り、そのひとつ（ストロンチウム。手前）の信号をヨーロッパ南天文台の巨大望遠鏡ＶＬＴがとらえた。
イラスト／ESO/L. Calçada/M. Kornmesser

1960年代以降、世界中の天文学者が半世紀以上も困惑させられた天体現象がある。「ガンマ線バースト」だ。何の予兆もなく莫大な量の高エネルギーの電磁波であるガンマ線が突如として天から降り注ぎ、すぐに消え去る。いったいどこで何が起こっているのか？

その発生源は20世紀末になってようやく突き止められたが、天文学者はむしろ混乱した。その天体は地球から50億光年も離れていたのだ。これは例外的な天体ではなかった。その後のバーストの観測でも、数十億～100億光年も彼方の天体ばかりが見つかった。これは、ガンマ線バーストの発生源が、１秒にも満たない時間で太陽が100億年かけて生み出すエネルギー量をいっきに放出していることになる。これほどのエネルギーを一瞬で発生させる天体現象などあり得るのか？

いま、さまざまな観測によりその正体が見えてきた。ガンマ線バーストは２つに大別される。数秒～数十分と比較的長い「ロングバースト」、２秒以内で終わる「ショートバースト」だ。ロングバーストでは発生場所に「極超新星（ハイパーノヴァ）」が観測される。これは通常の超新星（スーパーノヴァ）よりはるかに明るく、爆発エネルギーも10倍以上。この天体が出現するのは、高速回転する超巨大な星が超新星爆発を起こしたときだ。そこでロングバーストは、超新星爆発で巨大な星が崩壊してブラックホールまたは中性子星に変わる際に発生するとも見られている。

他方、平均0.3秒のショートバーストは、超高密度の中性子星どうしの衝突らしい（**上図**）。球状星団などで多く見つかる中性子星の連星は重力波を出しながらしだいに距離を縮め、ついに衝突する。この爆発で新しい天体が観測されるが、明るさは新星（ノヴァ）の1000倍、そのために「キロノヴァ」と呼ばれる。爆発の衝撃で天体中心部の中性子が核融合を起こし、あらゆる重い元素がいっきに誕生する（86ページ）。こうして生まれた元素の多くは不安定でただちに崩壊し、とほうもなく強力なガンマ線を放出する。この一瞬の宇宙スケールの超巨大花火のごとき輝きが、ガンマ線バーストの正体とみられる。 ●

8 宇宙の年齢がなぜ138億年とわかるのか?

何度も変わってきたこれだけの理由

『旧約聖書』や『神皇正統記』の宇宙年齢

宇宙の年齢はこれまでに修正に次ぐ修正をくり返してきた。

筆者が過去40年ほどの間に何度となく書いてきた解説記事や出版した本の中でもそのつど、宇宙年齢が変わっている。間違って書いたのではなく、その時々に引用した天文学者・宇宙論学者の知見ないし認識が変わったのだ。

宇宙は何歳かという疑問には、一般社会の誰もが多少は興味をもっている。人は、他人の年齢を気にするように自分が生きている宇宙の年齢も気になる。最近の回答では、宇宙は138億歳となっている。なぜそう言えるのか?

宇宙の誕生と進化についての理論（ビッグバン宇宙論。121ページ）についてここでは触れないが、宇宙の年齢というときには、ビッグバンの瞬間をいわば宇宙の誕生日として計算する。

大昔からヨーロッパでも中国や日本でも、宇宙や天地がいつ誕生したかについては諸説が存在した。どれもその文化圏の神話や伝説がもとになっている。筆者は思春期のころ『旧約聖書』を調べ、登場人物の寿命をすべて加算して、宇宙誕生はほぼ6000年前であることを発見（?）した。

図1 ➡イギリスを代表する宇宙論学者マーティン・リース（インタビュー当時）。その後王立協会会長、王室天文官、ケンブリッジ大学トリニティ・カレッジ学寮長、〝ラドローのリース男爵〟となった。
写真／矢沢サイエンスオフィス

ずっと後には『日本書記』や鎌倉時代末期の北畠親房《きたばたけちかふさ》が著した天皇の全史『神皇正統記《じんのうしょうとうき》』などから、日本における天地開闢《かいびゃく》や日本誕生を探ってみた。日本の記述は聖書のそれよりずっと具体的かつ物語的で面白いが、天地の歴史が非常に短いことは

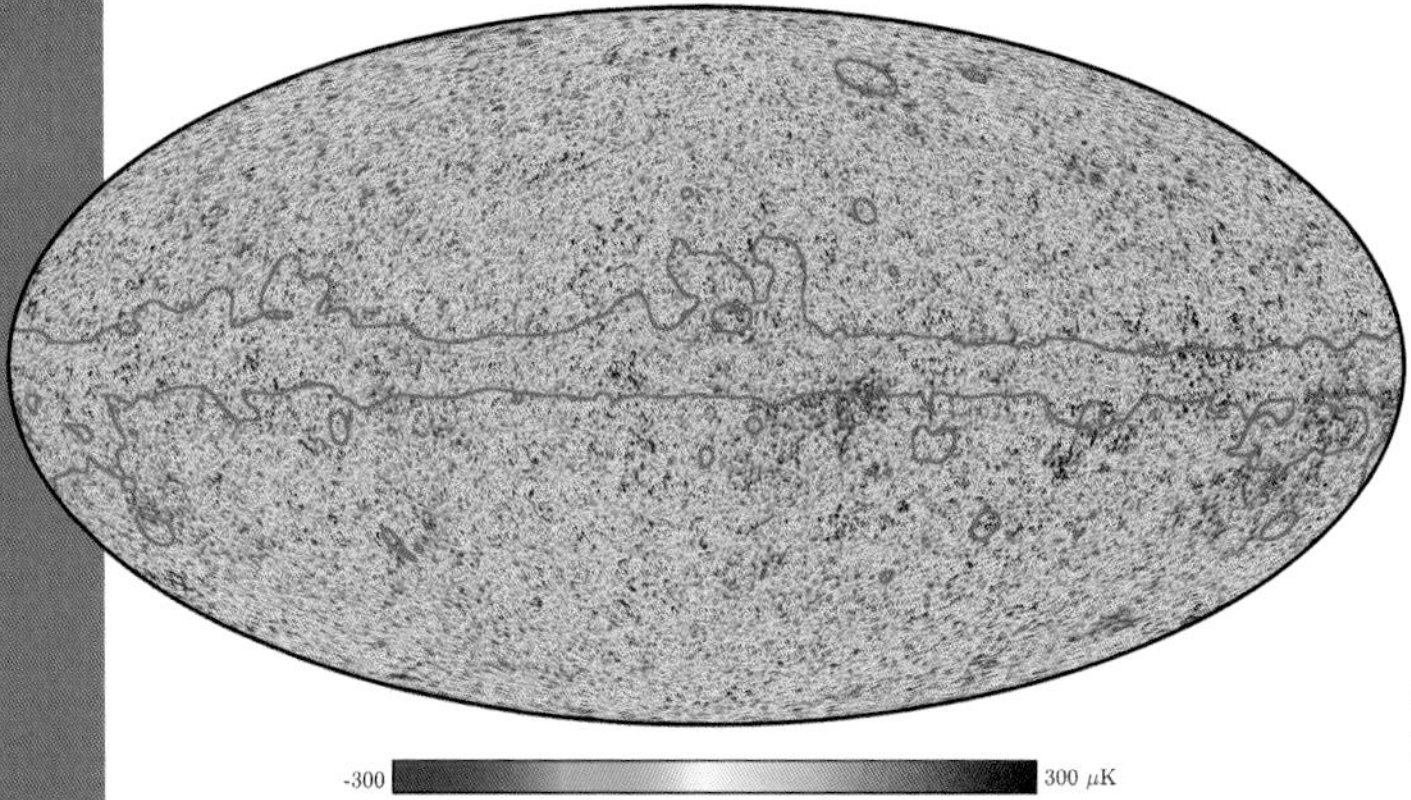

図2⬅“ビッグバンの名残り”の熱放射（マイクロ波背景放射）の分布。プランク衛星が観測したもので、この映像を宇宙モデルにあてはめ、宇宙誕生の時代を導き出したという。

写真／ESA and the Planck Collaboration

同列である。古代や中世の人々は数千年以上の時間を想像できなかったのであろう。

200億年から138億年へ

では、現在考えられている宇宙年齢はどうなっているのか？　この問題を科学的に考察するためのデータは18世紀初めころから集まり始めた。そして20世紀中ごろにビッグバン宇宙論が登場すると、宇宙年齢の推定はかなり具体性を帯びてきた。

①200億年の時代

いまから40年近く前の1984年、筆者の出版物ではじめて宇宙年齢を扱った。このときイギリスの宇宙論・天体物理学の第一人者マーティン・リース教授（**図1**）にロンドンでインタビューを行い、それを日本で翻訳掲載した。リース教授はその後ケンブリッジ大学トリニティ校学寮長、王立協会会長などを務め、男爵となり、イギリス天文学界の最重鎮となった。当時の彼の発言（何億年などという数字は決して口にしなかったが）も含めてこの出版物を見返すと、当時の研究者は宇宙年齢を200億年としていた。

②120億〜140億年の時代

それから10年後の1994年の筆者の出版物には、当時の日本の宇宙論の第一人者も寄稿している。このころ彼らは宇宙年齢を120億〜140億年としていた。ビッグバン理論の主役は「標準ビッグバン理論」だが、これとは別の傍流の宇宙論も存在した。それを主張する宇宙論学者を同じ出版物に登場させるため、筆者らはドイツまで足をのばしもした（同じ出版物でこうした理論を扱ったことに日本のある宇宙論学者は非難めいたことを書いた。ビッグバン理論だけが宇宙論だというのだった）。

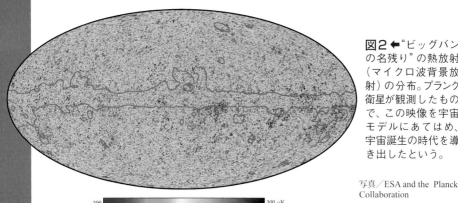

③138億年 vs 150億年の時代

2015年の出版物の宇宙年齢はまた違った。21世紀のはじめ、宇宙背景放射を観測する手法で、宇宙年齢は137億年という研究が発表された。これは後の詳細な観測で138億年に修正された。

他方、2009年にハワイのマウナケア山頂にある日本のすばる望遠鏡が130億光年離れた宇宙で「次々に最遠の天体(ガス雲〝ヒミコ〟など。左ページ**図3上**)を発見した」ことがニュースになった。その後NASAのハッブル宇宙望遠鏡などがそのガス雲の中に3個の若い銀河を確認した。こうした観測に支援され、宇宙年齢をより長い150億歳と見積もる研究者も少なくなかった。

実はこの間に宇宙膨張に関して〝大事件〟が起こった。それは、宇宙は単純に膨張しているのではなく「**膨張が加速している**」というものだ(102ページ参照)。これは、膨張を加速させる未知の力——真空のエネルギーかダークエネルギーか?——の存在を要求するようだった。次々とデータを混乱させる材料が出現した。

どこが間違っているのか?

宇宙研究者たちは宇宙の年齢をそもそもどうやって計算するのか?

これまでに3つの手段が用いられてきた。第1は、宇宙で最古の物質が生まれた時代を推定するもの、第2は、宇宙がどのくらいの速さで膨張しているかを観測し、そこから逆算して時間をさかのぼるもの、そして第3は「宇宙背景放射」の観測から導くものだ。

まず**宇宙最古の物質(星)**だが、少なくとも宇宙の年齢が最古の星の年齢より短いということはあり得ない。子どもが親より年上ということがないように。

そこで、もっとも年老いた星の年齢がわかれば、それが宇宙年齢の下限となる。NASAのハッブル宇宙望遠鏡の観測をもとにした研究では、宇宙誕生から2億年ほど経ったころに最初の星々が生まれたとされている。これをもとにすればかなり正確な宇宙年齢が出るはずだ。

この宇宙望遠鏡は2013年、地球から190光年の距離にある星(メトシェラ星。**図3下**)をくわしく観測した。その結果、この星の年齢は145億年±8000万年とされた。だがこれは後述する手法による**宇宙年齢138億年より長く、矛盾**である。

そのためこの観測計画を率いた天文学者ハワード・ボンドは、「ビッグバン宇宙論、または(星の進化についての)天体物理学が間違っている、ないしは星までの距離の測定が間違っている可能性がある」と述べている。ちなみにこの星は当初(2000年)160億歳と推定されており、145億年に修正されてもなお矛盾は消えていない。

では第2の手法、つまり**宇宙の膨張速度**はどうか。

星々を観測すると、遠い星ほどわれわれから高速で遠ざかっている。星までの距離は、その星の光が示す「赤方偏移」(80ページ参照)によって計算される。赤方偏移が大きいほどその

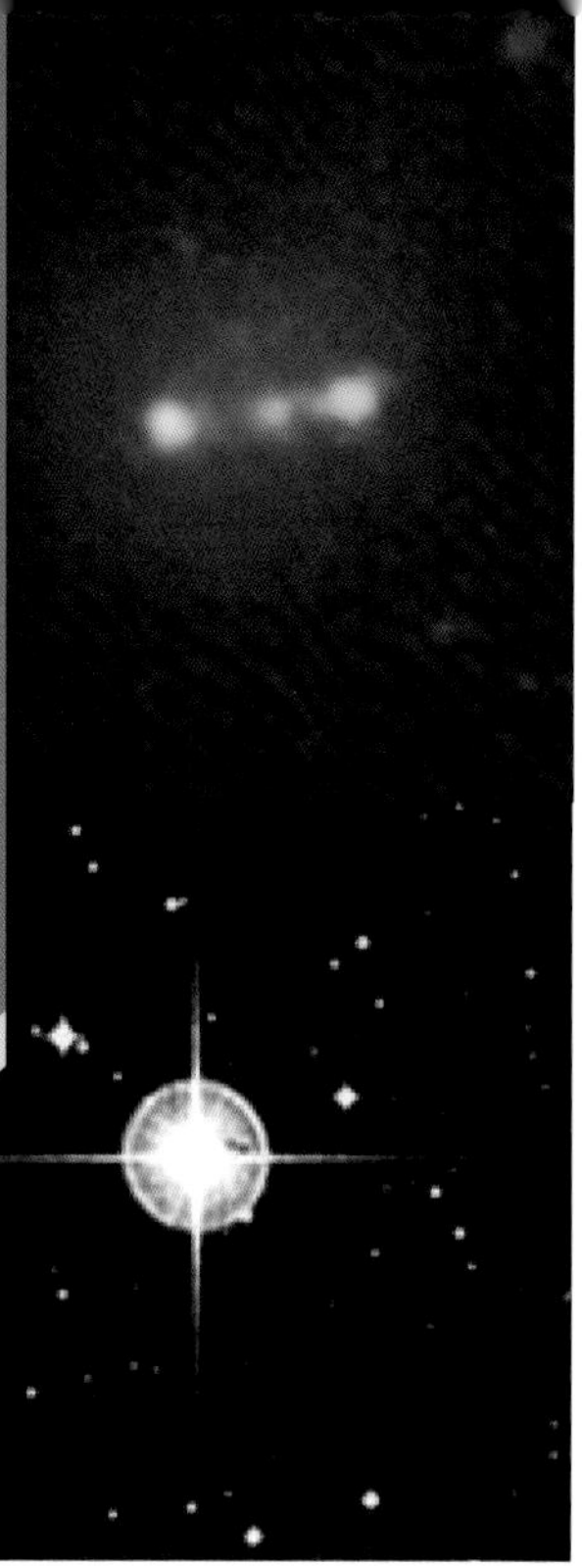

図3 ⬅上／地球から130億光年の距離にあるとされるヒミコ。NASAの２基の宇宙望遠鏡と日本のすばる望遠鏡の観測映像を合成した。下／“宇宙最古の天体”メトシェラ。宇宙誕生の10億年近く前から存在した（！）と推定されたため、慌てた文学者たちが何とか寿命を縮めようと四苦八苦している。

写真／（上）NASA/JPL-Caltech/STScI/NAOJ/Subaru（下）NASA

星は遠くにあり、より高速で遠ざかっている。

だが前述したように、もし宇宙が一定の速さで膨張しているのではなく〝加速しながら膨張している〟とすると、膨張速度から単純に逆算して宇宙年齢をはじき出すことはできなくなる。しかもその場合、膨張速度を出すためにダークエネルギー（102ページ）なる不確かな要素を取り入れることになり、計算根拠はさらに揺らいでしまう。

「±5900万年」？

そして第3のもっとも新しい手法、つまり**「宇宙背景放射」の揺らぎ**についてである。背景放射とは、宇宙が超高密度・超高温の〝ビッグバン（大爆発）〟によって生まれた後の〝残り火〟のことだ。いまも宇宙全域に広がるこのかすかな背景放射の空間的揺らぎ（まだら状態）をくわしく観測すれば、宇宙年齢にたたどり着けるというものだ。

21世紀に入ってからこれを観測する2つの衛星が打ち上げられた（NASAの「ダブリューマップ衛星（WMAP）」とヨーロッパ宇宙機関の「プランク衛星」）。そしてこれらの観測データ（109ページ**図2**）から宇宙年齢はほぼ138億年とされた。

実際は「137億7000万±5900万年」と妙に細かい。最近ではテレビの科学番組や科学解説書が「宇宙は138億歳です」などと説明しているが、出どころはいま見たものの受売りで、解説者はその根拠を調べたりしてはいない。

問題は、ここで用いられている測定手段はどれも確定的ではないということだ。ハッブル定数は（その根拠たる赤方偏移も）ぐらついていて怪しくなっており、また宇宙の膨張が加速しているとなると宇宙年齢はどんどん伸びてしまう。あるアメリカの天文学者は、これを突きつめると宇宙年齢は無限ともなり、宇宙ではビッグバンが起こる必要もなかったことになるかもしれないと述べている。こうした不確定要素を積み重ねながらなお、宇宙年齢に「±5900万年」などという小さなマージンをつけ加えるのは、精密さを演出するためのようにしか見えない。だがこれが現在の宇宙論の〝最新の知見〟なのである。●

9 地球そっくりの惑星はいくつあるか？

すでに5000個近くの系外惑星発見

〝地球型惑星〟に対する人間の関心

いまから数十年前、多くの人々が「地球に似た惑星は宇宙にいくつあるか？」「宇宙生物や宇宙人は存在するか？」「技術文明を発展させている惑星はあるか？」などの疑問を発し、それに対して高名な天文学者などが独自の回答を提出したりしていた。

そもそも**地球外惑星に対する人々の関心**が高まった最大のきっかけは、ある2人の天文学者が発信した予測にあった。そのひとりはアメリカでもっとも高名な科学者であったコーネル大学の**カール・セーガン**、いまひとりは当時のソ連（現ロシア）の**ニコライ・カルダシェフ**。

彼らは1970年代、「われわれの銀河系には200万の地球外文明が存在する」と言ったのだ。それはあまりに楽観的な予測と思われたが、人々を驚かせるには充分であった。彼らの予測に刺激されて、世界一巨大な電波望遠鏡（図1）を用いた**宇宙文明探査計画（SETI＝地球外知的生命探査）が実行されたり**した（日本でも一時期、長野県にある野辺山宇宙電波観測所がチャレンジした）。

セーガンはその後、NASAの惑星探査の指導者となり、惑星研究所所長をも務めた。彼の著書『コスモス』とそのテレビシリーズは世界的ヒットとなった。別の著書『エデンの恐竜』も日本で大ヒットし、彼は来日して日比谷の外国特派員協会で歌舞伎役者を思わせる芝居がかった記者会

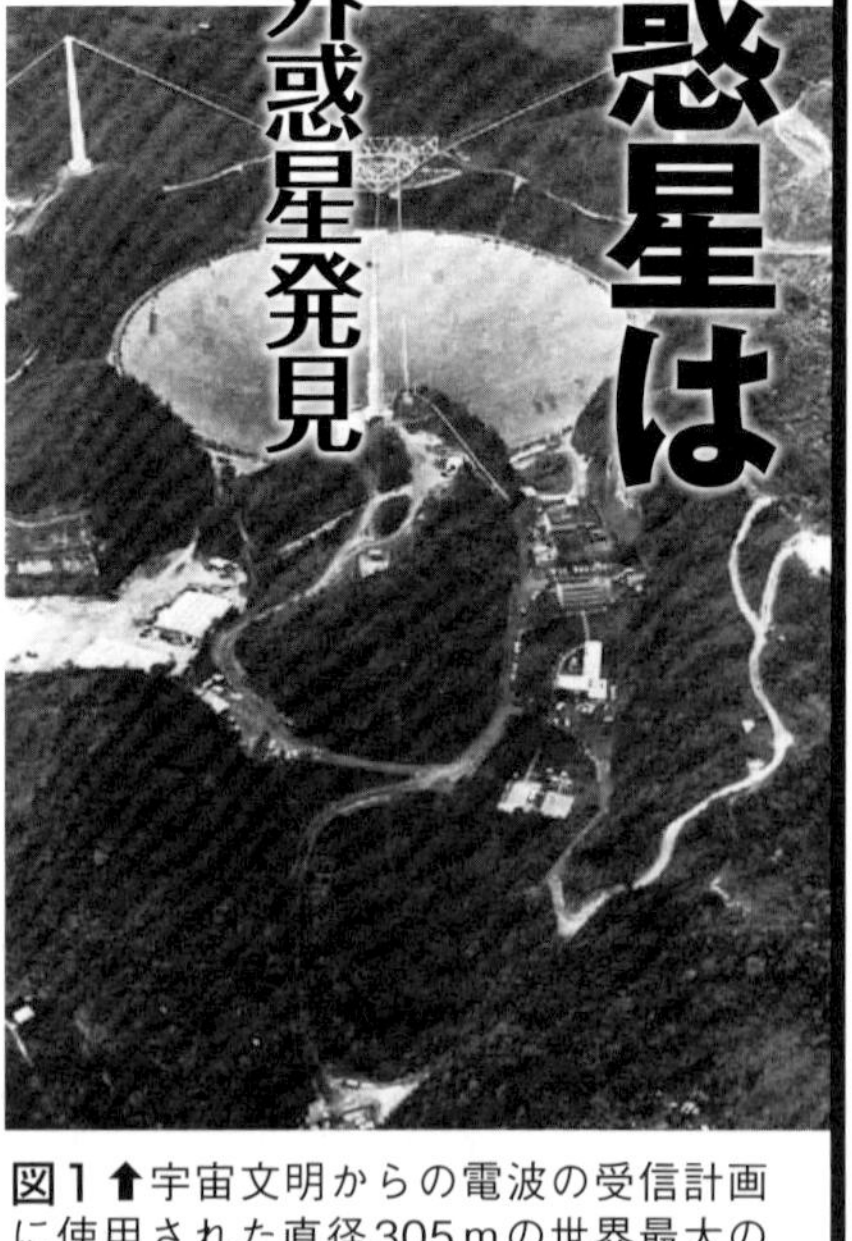

図1⬆宇宙文明からの電波の受信計画に使用された直径305mの世界最大のアレシボ電波望遠鏡（プエルトリコ）。

図2➡近年太陽系外の星々が引き連れている地球型の惑星が何千個も見つかっている。問題は、ハビタブルゾーンに含まれる惑星がどれほどの割合で存在するかである。
イラスト／NASA/JPL-Caltech/R. Hurt (IPAC)

●確認された太陽系外惑星の数

海王星型	1722
巨大ガス惑星型	1476
スーパーアース	1519
岩石惑星型	186
不　明	5
合　計	4908

2022年1月末現在
資料／NASA Exoplanet Exploration

見を行った。

　他方のカルダシェフは、**宇宙文明の発展度を3段階で示す「カルダシェフ・スケール」**（次ページコラム）を発表したことでも知られる。アメリカの有名な科学解説者で物理学者のミチオ・カクは、いまの人類はカルダシェフ・スケールの第1段階（惑星の全エネルギーを利用する文明段階）にもまったく達していないと述べている。

　そのカルダシェフは後年、銀河系内の文明数の予想を大きく下方修正し、セーガンのほうは90年代末に重い病気で死去した。

惑星100個にひとつが地球に似ている

　こうしたさまざまな出来事を経た後、世界の天文学者たちは現在までに**驚くほどの数の太陽系外惑星を発見している。2022年1月までに発見されたその数は4900個以上にも達した。**

　地球からさして遠くない宇宙でこれほどの数の惑星が見つかるということは、星が誕生するときには惑星（惑星系）も同時に生まれることがむしろ自然であることを示している。われわれの**太陽**

系が生まれたプロセスは宇宙ではありふれた出来事だということだ。

最新の推計では、**宇宙に存在する惑星の数は星の数と同じ程度**とされている。つまりひとつの星が平均1個の惑星を引き連れているということになる。だがこれは平均であり、実際にはすべての星のうち惑星をもつものは3分の1～半数程度で、その他は惑星をもたないとの見方もある。

仮に星々の3分の1が惑星をもつとすると、星ひとつにつき惑星の数は3～4個となる。われわれの太陽は8～9個の惑星を引き連れているので平均値を上回っている。

他方、宇宙にはわれわれの銀河系のような銀河が2兆（！）も存在し、そのひとつひとつが1000億～1兆個もの星を抱えている。これほどの数の星の3分の1が平均数個の惑星をもつなら、惑星の数は海辺の砂粒の数よりははるかにはるかに多いことになり、もはや人間の日常感覚では数えることもできない。

30の惑星系に1個の地球型惑星

だが、惑星がこれほど存在するとしても、その中に地球そっくりの惑星がどれほど含まれているかとなると話はめんどうになる。というのも、その惑星は大きさが地球に近い岩石惑星で（ガス惑星は除外される）、必ず「ハビタブルゾーン」に存在しなくてはならないからだ。

ハビタブルゾーンは〝持続的生命存在可能領域〟を意味する。これは、太陽のような主星から適度な距離にあり、地上の温度が液体の水の存在を許すような環境領域のことだ。太陽系の場合、太陽に近い水星や金星は高温すぎて水は蒸発してしまう。他方、火星以遠は低温すぎて水は液体で存在できない。結局、**地球の公転軌道の周辺だけがハビタブルゾーン**となる。これとほぼ同じ条件をもっていなければどんな惑星も生命の持続的存在を許さず、地球にそっくりとは言えない。必要条件はほかにもいろいろある。

文明の3段階

エネルギー消費レベルによる文明の階層分類。

●**フェーズ1**：その惑星で利用可能な全エネルギーを使用・制御できる。エネルギー消費量が4×10^{12}ジュール／秒までの文明。地球はこの途上にある。

●**フェーズ2**：その恒星が生み出す利用可能な全エネルギーを使用・制御できる。4×10^{26}ジュール／秒を利用可能なダイソン球（恒星の全エネルギーを利用するためその星を球殻状に包んだ構造）と同様の文明段階。

●**フェーズ3**：その銀河が生み出す利用可能な全エネルギーを使用・制御できる。4×10^{37}ジュール／秒のエネルギーを利用。

図3⬆ハビタブルゾーンとは人類のような生物が持続的に生存可能な宇宙の領域。太陽系の場合、地球と火星の公転軌道の前後であることが必須条件となる。

作図／矢沢サイエンスオフィス

こうした基準で見たとき、**現在までに発見された約4900個**の惑星のうちハビタブルゾーンに存在する惑星は55個であった。確率で見ると惑星100個につき約1・3個だ。**惑星系が平均3個の惑星をもつとすると30の惑星系があってはじめて、それらのハビタブルゾーン内に1個の地球型惑星**があることになる。

これを銀河系全体に当てはめると、ハビタブルゾーンに存在する惑星は50億個になる。これほどの数の惑星が地表に流水を存在させているかもしれないとなると、誰もがそれらの地上風景に親近感を抱かずにはおれない。

これはわれわれの銀河系だけの話だ。宇宙全体ならどうなるか？　あまりに多くて数える気も失せる。それほどの数の地球型惑星が存在するなら、地球上で日々小さな問題で悩んでいるよりは、（たとえ脳内でだけでも）それらの惑星のひとつに新天地を求めて移住するのもよいかもしれない。なかにはさまざまな生命が存在したり、知的生命が文明を発達させている惑星もあるかもしれないのだから。

楽観的な見方と悲観的な見方

ところで、これらの数値をめぐっては2つの見方がある。前向きな解釈と後ろ向きの解釈だ。

まずカナダのブリティッシュ・コロンビア大学の天文学者チームは、地球外惑星を探査したNASAのケプラー宇宙望遠鏡計画のデータを解析して、天文学専門誌アストロフィジカル・ジャーナルに次のような評価を発表した。

それによると、銀河系の4000億の星々のうち（天文学者によってこの数は1000億個〜1兆個とばらつきがある）、太陽のようなG型恒星、つまり質量が太陽の0・84〜1・15倍の星は7％（280億個）、これらの星々を回っている惑星だけで何十億個にもなる。このチームのジェイミー・マシューズは「60億個近い星が地球に似た惑星をもっている可能性がある」とも付け加えている。地球型惑星があふれているという印象だ。

他方、同じ専門誌に別の見方を報告したのはスウェーデン、ウプサラ大学のエリック・ザクリソン。彼はビッグバンで誕生した宇宙の進化史に銀河系の星の数を当てはめてシミュレーションし、全宇宙では7×10の19乗個（1兆の7000万倍）の惑星が存在すると結論した。この数値に銀河系のハビタブルゾーンの惑星数を当てはめれば、宇宙の地球型惑星の数をはじき出すことができる。それはほとんど無限と言ってよいほどだ。

だがザクリソンは前記のカナダのチームとは異なり、地球型惑星の〝素顔〟に関してまったく別の見方を披歴《ひれき》した。いかに数多くの地球型惑星があっても、真に地球に似た環境をもつ惑星はきわめてまれだろうという。それらの大半は地球より大きい、ないしは年をとっており、地球のように生命存在を許容する条件をそなえてはいないだろうという。根拠を示さずに観念的でおおざっぱな話ではある。

地球型惑星はときに〝ゴルディロックス惑星〟などと呼ばれるが、これは熱すぎず冷たすぎないちょうどよい加減の惑星という意味で、そのような惑星は例外的な存在だというのだ。ザクリソンの結論では、宇宙にどれほど多くの惑星が存在しても地球そっくり惑星はほぼ存在しないことになる。

どうやら彼は、地球は宇宙で唯一の存在だと言いたいらしい。これは欧米のキリスト教文化圏の科学者がときに主張する矛盾した論理だ。科学者といえどもその精神の根底にしみついている神による宇宙創造説が顔を出す。

いずれにせよ、コンピューター・シミュレーションで自然のふるまいを模倣し、その答を科学的回答であるかのように公表する近年の研究手法を筆者はあまり（まったく）評価しない。過去のあらゆるこの種のシミュレーションが現実とほとんど一致しない予測を行ってきた歴史を見てきてもいる。シミュレーションが有効な分野は機械工学などの前提条件が明確な場合だけだ。どれほどAIが進歩しても宇宙の真実とは無縁である。

とはいえ、少なくとも銀河系内で近年ますます多くの惑星が発見され、その中に一定数の地球型惑星——程度の差はあれ——が含まれているという観測事実だけでもとほうもない前進である。それは、宇宙に点在する地球そっくりの惑星をもっと知りたいという願望と期待をわれわれに与えてくれる。●

10 宇宙はどのように死ぬか？

消滅するか何度もよみがえるか

5つの終焉のシナリオ

人の一生はある日突然終わる可能性がある。それは今日明日かもしれず10年後、20年後かもしれない。だが宇宙の最期は人間の命ほどはかなくはない。100年後でも1万年後でも1億年後でもない。とはいえ最期がやってくることに変わりはない。いったい**宇宙はどうやって〝死ぬ〟のか？**

これは、宇宙に興味のある人々にとっては大きな疑問のひとつである。そのため昔から宇宙の終焉《しゅうえん》について考察する物理学者や天文学者が少なくなかった。

いまから20年くらい前まで、つまり**20世紀の末頃まで、宇宙の終焉については3つのシナリオが考えられていた。**だがその後の宇宙観測によっていくつかの新たな発見が加わり、それらが宇宙の究極的運命の見方をも変えてしまうことになった――おおむね複雑な方向にだ。

ここでは、かつての見方も含めて**5つの終焉理論**に注目してみる。

第1の終焉●●●
宇宙が収縮して消滅する「ビッグクランチ」

第1は、以前から存在した「ビッグクランチ説」である。ビッグバンで生まれた宇宙はいまも膨張を続けている。だが、宇宙の全質量があるレベル（閾《いき》値）を上回っている場合、それが生み出す**重力が宇宙の膨張をつねに引き戻そうとする**ように作用する。その結果、膨張にブレーキがかかって、**ついには膨張が停止する。そして次の瞬間、今度は宇宙全体が収縮しはじめる。**それまでの宇宙の歴史があたかも時間をさかのぼるように逆行し、ついには全宇宙を呑み込んで、**最後は1点へと収縮し消滅する**――

クランチはかみ砕くという意味なので、これを無理やりに訳せば〝大収縮理論〟または〝大粉砕説〟とでもなろうか。

では1点に収縮した宇宙は完全に消えるのか。ある見方ではそうではなく、**その1点がふたたびビッグバンを起こして新しい宇宙膨張を始める。こうして宇宙は生まれては消えるサイクルをくり返す**というのだ。その場合、これは後述のビッグバウンス説の一部分ということになる。

第2の終焉●●●
宇宙が引き裂かれる「ビッグリップ」

ビッグクランチ説と正反対の運命を予測するのが「ビッグリップ説」。リップは引き裂く、分裂させるという意味なので、「**大分裂理論**」とでも言えばよいだろうか。

この説によると、宇宙の膨張速度は際限なく速くなっていき（実際に1990年代に膨張の加速が発見されている。104ページ）、ついにはあまりにも速い膨張速度によって**銀河がばらばらに飛び散る。**さらにその中の無数の星々も惑星も、それらをつくっている原子までもが引き裂かれていっさいの形を失い、最後は**宇宙空間そのものも引き裂かれてしまう。**膨張が無限に加速していくと**宇宙は無限大の広がりになる。**それがどんなものか想像することもできないが。

これは2003年にイギリス、ダートマス大学のロバート・コールが提唱した最新の宇宙終焉説。この仮説が新しいのは、前記の膨張の加速に加えて、20世紀末までは知られていなかった「**ダークエネルギー**」（102ページ記事）**の存在を新たに組み込んでいる**ことだ。彼は、**ダークエネルギーの圧力と密度の比率が宇宙の終末状態を決定する**という。

ダークエネルギーの正体がいまだ不明の中での彼の暫定的な計算によれば、「この宇宙は**いまから220億年後に終焉を迎える**」という。現在の宇宙は138億歳とされているので、われわれは宇宙の一生の40％あたりの時点で生きていることになる。他の終末説に比べて非常に近い将来である。

彼の予測シナリオでは、**宇宙が死ぬ6000万年前に重力が希薄になって銀河が崩壊し、3カ月前には太陽系などの惑星系は飛び散り、数分前には物質が雲散霧消し、1秒前には分子や原子も崩壊する**という。

第3の終焉●●●
もっともありそうな「ビッグフリーズ」または「熱的死」

ビッグクランチ説と並んで20世紀以来の歴史と由緒ある仮説？である。「ビッグフリーズ説」はすなわち**宇宙大凍結理論、宇宙大停止理論**を意味する。

膨張を続けているいまの宇宙は、**今後何千億年、何兆年も膨張を続ける。**その間に太陽はとうに死に、地球などの惑星も分解して跡形《あとかた》もない。もはや新しい銀河や星が生まれることもない。星々を内部から光り輝かせていた核融合燃料（水素やヘリウム）はとっくに燃え尽きた。

宇宙にはいまや光は存在せず、果てしない暗黒と絶対零度の極低温が広がっている。読者や筆者の体を作っている分子や原子も寿命を迎えて素粒子に崩壊し、さらにそれらはあまりにも希薄に広がるエネルギーとなって暗黒空間へと消え去る。**宇宙は完全なる空虚**となり、それ以上の変化はいっさい起こらない。

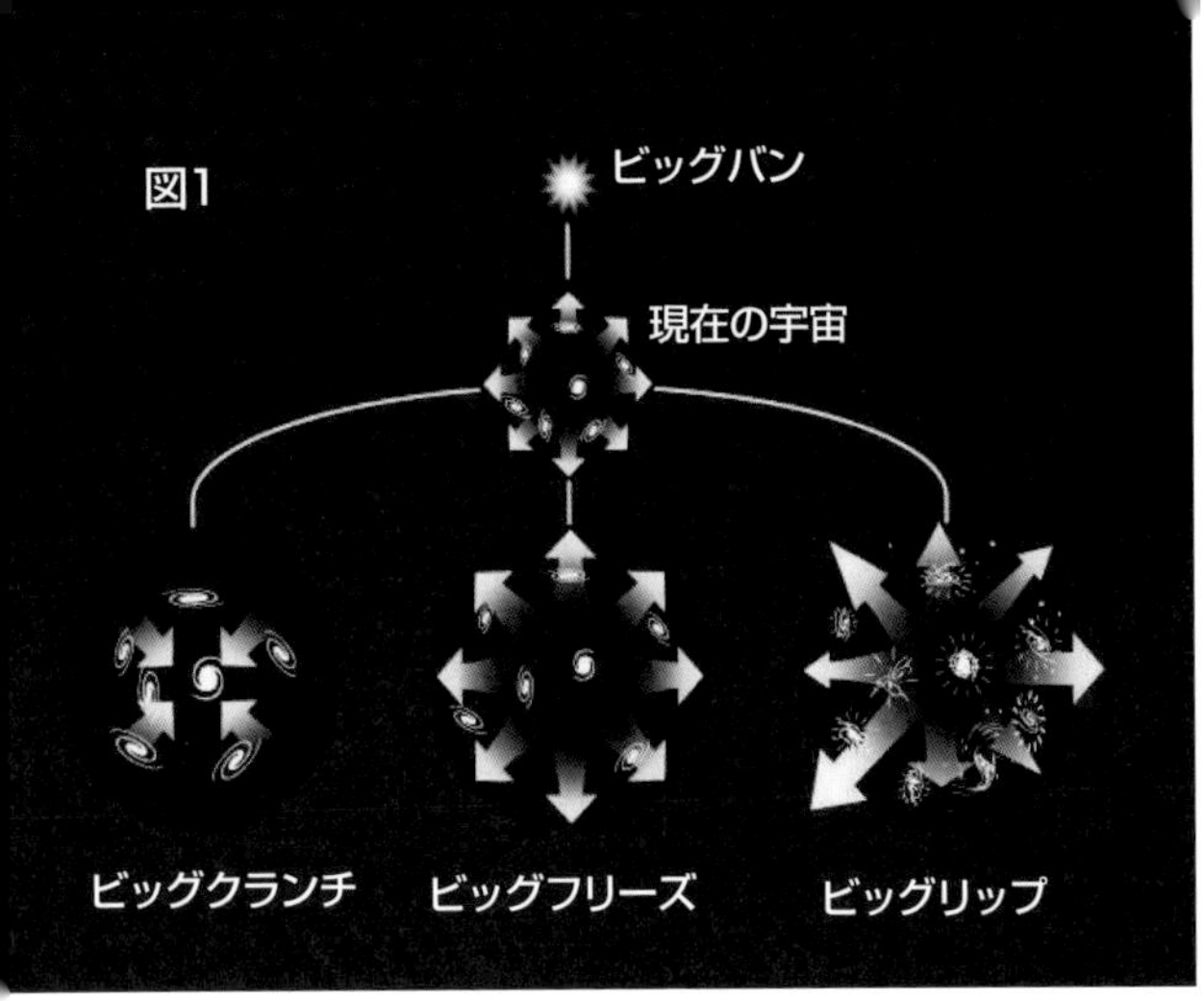

⬆宇宙がどのように死ぬかについてはいくつかの仮説がある。左は宇宙がいつか収縮に転じてついには消え去るというビッグクランチ説、中は膨張が永遠に続いてついには暗黒の空間だけになるとするビッグフリーズ説、右は宇宙は際限なく膨張し、ついにはダークエネルギーによって完全に引き裂かれるというビッグリップ説。ほかにもいくつか仮説がある。

図／NASA/STScl/Ann Feild

これは別の表現で「**熱的死（ヒートデス）**」とも呼ばれる。熱的死は熱力学の概念で、**エネルギー分布のでこぼこが完全に消えた仮想的かつ理想的なぬるま湯のような状態**。自然界ではエネルギーはつねに高いところから低いところへと流れ、すべてがしだいに均一になっていく。これを「エントロピー（乱雑さ）の増大」というが、熱的死はその最後の到達点である。**宇宙は遠い未来に熱的死を迎え、それ以上いかなる小さな変化も起こらなくなる。**

ビッグフリーズないし熱的死は、現在の物理学者や宇宙論学者のかなり多くが支持する宇宙終焉のシナリオ。そのあまりの美しさ?故に、科学者でなくても幻惑されそうである。

第4の終焉●●●
不安定な終わり「宇宙の真空崩壊」

これは、**物質に質量を与える「ヒッグス粒子」がぎっしり詰まった「ヒッグス場」**なるものがこの宇宙に万遍なく広がっているという前提の話だ。ほぼ純粋理論的な話なのでピンとこないほうがむしろ正常かもしれない。

ヒッグス場は、われわれの知っているような粒子がまったく存在しない**仮想的な真空状態（最低エネルギー状態の真空＝真の真空）**である。もし現実の宇宙の真空のエネルギーが〝真の真空〟のそれより高い、つまり**最低エネルギー状態よ**

り高いニセの真空（〝偽《ぎ》の真空〟）であったなら、その真空がいつ突如として破れて真の真空に変わるかわからない。そのような大変事が起こったなら、それはこの宇宙が完全に崩壊する瞬間である――

物理学者たちは、この**宇宙は完全な安定状態からいくらか外れた準安定状態、すなわち〝偽の真空〟の状態**だとまじめに考えているようだ。もしこの状態が崩れて真の真空になろうとすると、それは**〝真空の崩壊〟**であり、この宇宙の崩壊つまり死である――これが「真空崩壊説」だ。

理論的にはそうした事態がないとも言えない。ちなみに、半世紀以上前（1964年）にヒッグス粒子の存在を予言したイギリスの物理学者ピーター・ヒッグスが2013年、その粒子の存在がほぼ確認されたということで高齢も考慮されて急ぎノーベル物理学賞を贈られてもいる。

第5の終焉●●●
反復する宇宙「ビッグバウンス」

これは**ふつうの物質宇宙を前提にして考えられた現実性の高い理論**だ。バウンスは跳ね返りを意味するので、大跳ね返り理論とでもいうところだ。

この説は、従来から存在した**「宇宙の一生は何度もくり返す」という類似のいくつかの見方を総合したもの**と言える。

図2 ビッグバウンス説

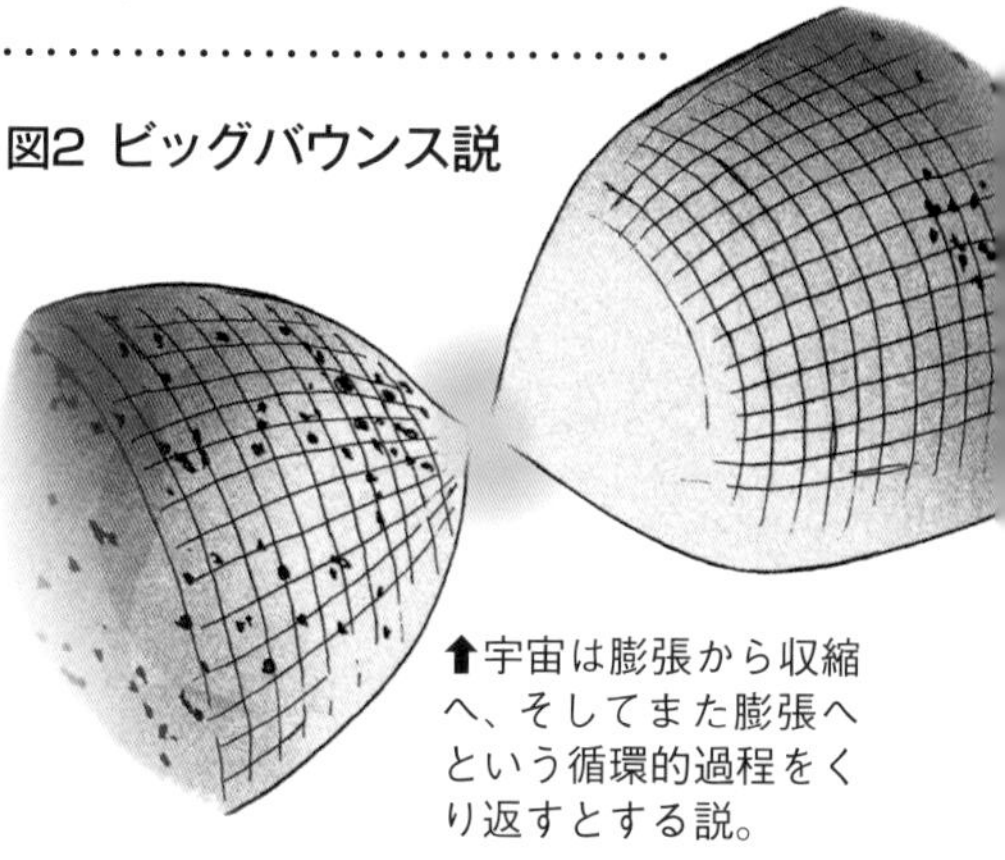

⬆宇宙は膨張から収縮へ、そしてまた膨張へという循環的過程をくり返すとする説。

たとえば「サイクリック（周期的循環）宇宙」、「ループ量子宇宙」などだ。またこの項の最初に見た「ビッグクランチ説」も、ビッグバンとビッグクランチを何度もくり返すと見れば同じ部類である。

この種の宇宙論では**宇宙は1回きりではなく、誕生から終焉までを何度でも反復する**というのだから（**図2**）、宇宙の終焉と言ってもそれは宇宙存在のひとつの通過点でしかない。その中で誕生して絶滅する生命は次回の宇宙では誕生しないかもしれないが、誕生してまた前回と似たような進化過程を経て絶滅するかもしれない。

いま見てきたいろいろな説の中で、われわれが生きている間に宇宙が突如消滅するかもしれない「真空崩壊説」を除けば、宇宙の終焉は遠い未来の話である。そのときは必ずやって来るとしても、誰もその場面に出合うこともなければ終焉に巻き込まれるおそれもなさそうではある。人間の一生は、宇宙の中ではあまりにも短いからだ。●

11 宇宙誕生についてのビッグバン理論

観測が理論をどこまで支えるか?

ビッグバン理論の「特異点」

読者の多くは、**宇宙はビッグバンによって生まれた**、とどこかで読んだり聞いたりしたことがあるに違いない。そしてそのとき以来、その話は真実であり現代人の常識だと考えている――これは本稿を書こうとする筆者の理解である。間違っているかもしれないが。

ビッグバン理論の骨子は単純である。それは、「宇宙はただひとつの〝点〟から生まれて爆発的に膨張し、いま見るようなとほうもない広がりをもつようになった」というものだ。針の穴より小さな点、つまり**「特異点」から全宇宙が生まれ**、重力の支配の下で膨張しながら星々や銀河を生み出してきた、とこの理論は主張する。そしていまの宇宙は138億歳とする結論まで導いている。

ここでどうしても目につくのは特異点である。これはいったい何か。点の中に全宇宙をつめ込めば重力も密度も温度も無限大になるピリオド、である。

ビッグバン理論はアインシュタインの一般相対性理論の上に構築されたが、この理論はもともとこのような特異点の存在を許すようなものではなかった。だが後の研究者たちが「厳密解《げんみつかい》」（**注1**）なるものをひねり出し、相対性理論で何でも説明できると言い始めた。アインシュタイン自身がそんなもの

図1⬇宇宙論の男たち。時代順に（右から）ルメートル、ガモフ、ホイル、グース。写真／AIP／矢沢サイエンスオフィス

は捨てるように言い残したにもかかわらず。

　ともあれこの障害を乗り越えるため、過去、物理学者たちは四苦八苦してきた。ついにはこれらの物理法則を無視しても構わないかのような仮説まで登場した。わからないものは見えない、人間に見えないものは存在しない……

　その代表例がイギリスの世界的物理学者ロジャー・ペンローズが提唱した「宇宙検閲仮説」（**注2**）なるものだ。これは、**特異点があってもそれは宇宙が隠してしまう**から見えない、という好都合な仮説である。

　1980年代末に筆者はペンローズ夫妻を講演のため日本に招聘《しょうへい》した。このときペンローズはサインペンの手書きでめんどうな理論を説明してくれた（世界的な科学者はほとんどコンピューターを使わない。これは誰かが世界的科学者になれるかどうかの目安かもしれない?）。だがここでは特異点の問題は8ページ記事に譲り、話をもとに戻して前に進みたい。

膨張する宇宙とカトリック神父

　ビッグバン理論が生まれるきっかけをつくったのは、ベルギーのカトリック司祭で物理学者でもあった**ジョルジュ・ルメートル**（**図1**）である。彼は1927年に世界ではじめて「宇宙は膨張している」との見方を発表した。

　ルメートルの着想は、その年に発表されたある観測結果に依拠していた。遠方の銀河を観測していたアメリカの天文学者エドウィン・ハッブルが、「**他の銀河はわれわれの銀河系から非常な高速度で互いに遠ざかっている**」と報告したのだ。すべての銀河が正体不明の爆発的な力で押し広げられているかのように。

　この報告を見たルメートルはただちにこの観測から類推して、宇宙は膨張している、つまり風船のように膨れ上がりつつあると考え、論文にして発表した。膨張しているなら、時間を逆行すれば宇宙はそれに反比例して小さくなっていき、最後は点となってしまうであろう——その点こそ、後にビッグバン理論の起点となる特異点であった。

　カソリック司祭であるルメートルが信じる「全能神による無からの世界創成」とこの新しい宇宙誕生シナリオは、

注1／厳密解
一般相対性理論でアインシュタインの「場の方程式」（万有引力と重力場の方程式）を厳密に解いたときに得られる答。現実の宇宙は複雑すぎて重力方程式にはあてはめられない。そこでたとえば宇宙を〝完全に球形〟と仮定して方程式の答を得る。

注2／宇宙検閲仮説
アインシュタイン方程式を解くと「特異点」が生じるが、これは「事象の地平線」の内側にあるので問題は起こらない。しかし事象の地平線で囲まれていない「裸の特異点」もあり得る。その場合特異点より過去を予測することが不可能になる。そこでロジャー・ペンローズは1969年、「裸の特異点は何者かが検閲して禁じているかのように物理法則で禁止されるであろう」という助け舟を出した。ペンローズはそう断定したのではなく他の研究者のためのヒントを提供したとされている。

図2 ビッグバン理論による宇宙の誕生と進化

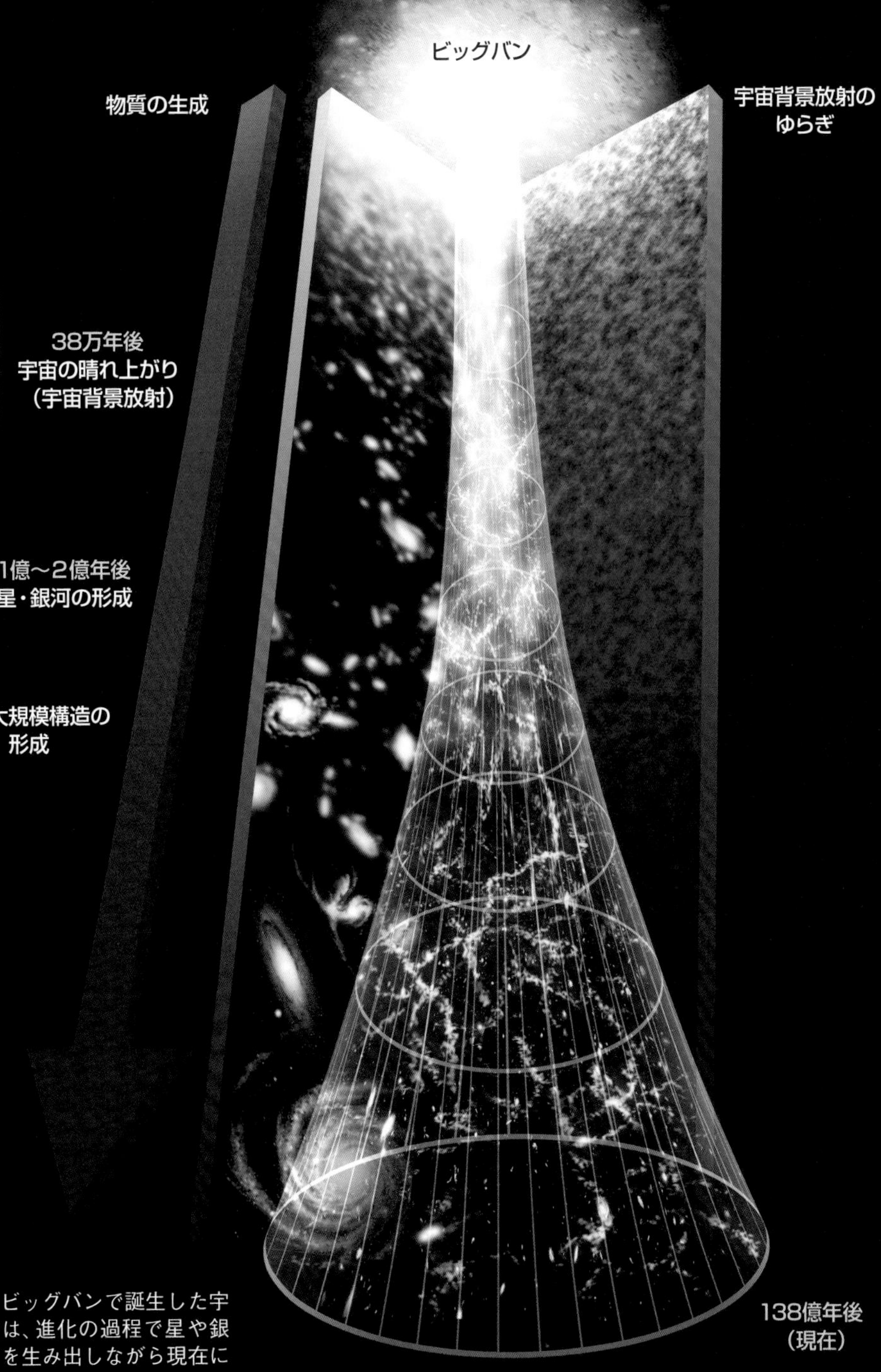

⬆ビッグバンで誕生した宇宙は、進化の過程で星や銀河を生み出しながら現在に至った。　イラスト／NASA

インフレーション理論て何？

現在のビッグバン理論には必ず「**インフレーション理論**」という付録のような理論がついてくる。インフレーションのないビッグバンは過去の遺物だ。

一般相対性理論の上に築かれたビッグバン理論には、はじめから不完全さないし欠陥がついてまわった。相対性理論が説明する宇宙の時空は、その中に存在する質量によって“曲がって”しまう。ボールの表面のように“正”に曲がるか、乗馬の鞍のように“負”に曲がるかである。だがわれわれが見る宇宙はどれほど質量（星や銀河）が莫大に存在しても曲がってはいない。どこまで行っても同じ——つまり真っ平のように見える。おかしいじゃないかということになった。

そこに1980年代はじめ突如として2、3人の“白馬の騎士”が出現した。アメリカの宇宙論学者**アラン・グース**、東京大学の**佐藤勝彦**などだ。彼らの新理論は、**宇宙はビッグバンの直前に“超光速”で膨張した**というものだ。それも1秒の何兆分の1の何兆分の1の何兆分の1という瞬間の話だ。グースはこの急速膨張を巧みにも“インフレーション”と呼んだ。経済用語を宇宙誕生に持ち込んだところがアメリカ人科学者らしい。

宇宙が光よりも速く膨張するとそれはデコボコの宇宙にアイロンをかけたようになり、完全に平坦な宇宙が出現する。このインフレーションに続いてビッグバンが起こったとすれば、宇宙の誕生と進化を矛盾なく説明できる。過去に何度か絶望視されたビッグバン理論は、インフレーションを携えた白馬の騎士によって息を吹き返したのだ。

もっともこれですべてめでたしめでたしということではない。ひとたびインフレーションを開始した宇宙を停止させることは難しく、互いに連絡のない“**マルチバース**”つまり多元宇宙とか並行宇宙とかを生み出してしまう。これでは理論の検証は不可能だ。これを何とか止める新しい白馬の騎士は出てくるだろうか？

ちなみに、かつて電磁気力と弱い力を統一する「電弱統一理論」を生み出してノーベル賞も受賞した超高名な**スティーブン・ワインバーグ**にインタビューしたとき、インフレーション理論について意見を聞くと、「余計なお世話だ」と答えたのが思い出される。彼はこれを書いている半年前の2021年7月に死去した。

はじめから相性がよかった。彼の脳内で全能の神と自ら着想した宇宙観が見事に融合した瞬間でもあった。

ビッグバン理論の物的証拠

　では、この理論が実際の宇宙の歴史を正しく述べているという〝物的証拠〟はあるのか？　市井の殺人事件や日本国の経済成長予測なら、証拠を伴わない捜査や調査の結果はただの憶測《おくそく》かせいぜい推論にすぎない。科学理論はなおさらで、単なる状況証拠で結論を導くことはできない。

　だが世界の天文学者は、現在の最新の観測技術——NASAの宇宙望遠鏡のような——をもってしても138億年前のビッグバンの瞬間を観測することはできない。読者はときどき、地球から100億光年（＝100億年前）の距離にある銀河を観測したというようなニュースを見かけると思うが、ではなぜ100億年前が見えて138億年前は見えないのかと疑問に思うかもしれない。

　ビッグバン理論は直接観測という土台に立ってはおらず、すべての根拠はアインシュタインの重力方程式と数学モデルの上に築かれている。とはいえこれをもってただの空論と言い切ることもできない。というのも、直接証拠にやや近い間接証拠もあるからだ。それは、**ビッグバンが起こったときの〝残光〟**がいまの宇宙全域に残されているからである。それは「**宇宙マイクロ波背景放射**（単に背景放射とも）」と呼ばれる。

さきほど〝爆発的な膨張〟と書いたが、いったいそれはどのくらいの時間続いたのか。「10のマイナス34秒間」である。平たく言えば1兆×1兆×1億分の1秒。0ではないが限りなく0に近く、こんな時間を測れるどんな時計も存在しない。あるのは数学だけだ。この時間をはじき出したのは、ビッグバン理論のはじめの一瞬についての理論（**インフレーション理論**。右ページ**コラム**参照）を提唱した宇宙論学者アラン・グース（図1）や佐藤勝彦である。

誕生直後の宇宙はあまりにも高密度かつ高温だったため、どんな物質（粒子）も安定して存在することはできなかった。だがその後宇宙が膨張して密度と温度が下がると（NASAの研究者の解説では55億度）、はじめて現代物理学が説明できる物質と光（放射）の時代がやってきた。

まずクォークやグルーオンなどの素粒子が生まれたが、それらはすぐに結合して最初の陽子や中性子が出現した。このとき宇宙はまだきわめて高密度・高温であったので、光さえ外に出ることはできなかった。だがビッグバンから38万年後、密度と温度が十分に下がると、陽子が電子をとらえて原子を生み出した。陽子と電子、それに中性子があれば、どんな原子（物質）も生み出すことができる。

1億～2億年がすぎたころ、原子は集まって最初の星々が生まれ、星々が増えるとさらに新しい星々が生まれた。星々はあちこちで重力によって引き寄せ合って集まり、銀河を誕生させた。それらはまた新しい星をつくり、惑星や小惑星、それに原始ブラックホールなどを誕生させた——ビッグバン理論は宇宙の歴史をこのように物語っている。

宇宙背景放射を導いたハトの糞？

ところで、ビッグバンはとほうもないスケールの宇宙爆発なので、その内部では非常に激しい光（放射）が生じた。その光は宇宙全体——といっても卵かサッカーボールほどの大きさだが——を満たしていたので、138億年後のいまの宇宙にもごくうっすらとした残光として残っているはずだ。そこで、もしその残光が見つかれば、それこそがビッグバンの証拠になる。

実際それは偶然にも発見された。1965年、アメリカ、ニュージャージー州で超高感度のラッパ型アンテナの受信能力をテストしていたアーノ・ペンジアスらが不可解な電波ノイズをとらえた。彼らはアンテナにこびりついたハトの糞《ふん》を掃除してから聞き耳を立てた。すると、銀河系（天の川銀河）以外の全方角から未知の電波が入ってきた。

そしてこれこそ、1948年にアメリカの宇宙論学者ラルフ・アルファーが予言していた宇宙全域を満たすかすかなマイクロ波、すなわちビッグバンの残光であると判断された。当時ビッグバン理論を支持したがっていた人々はこれを知って狂喜乱舞し、他方、別の理論を支持していた人々はがっくりと肩を落とした。

しかしこの発見でビッグバン理論の正しさが100％明らかになったとは言えない。そのため現在に至るまで、さまざまな観測や実験が行われてきている。

21世紀に入ってから、NASAは太陽を公転するスピッツァー宇宙望遠鏡を用いて400時間も観測した後、宇宙誕生後に最初に生まれた星や銀河の光が残したとみられる鮮明なパターンを発見したと発表した（2012年）。それらは個々の天体としては見分けられないが、巨大質量の星かブラックホールの痕跡であろうとも付け加えた。

問題点は解決できるか？

こうして天文学者や宇宙論学者の多くはビッグバン理論の支持者となってきた。だが実際には、ビッグバン理論にはいまもさまざまな問題がついて回っている。彼らの同僚の研究者たちが指摘する問題を列挙してみると――

①**特異点の性質**を説明できない。前記の宇宙検閲仮説を別にしても、最近ではそもそもこの問題は存在しないとの見方も出ている（後述する代替理論では宇宙は特異点から始まってはいない）、

②**ビッグバン以前**に何があったかが説明されていない、

③**無からエネルギーや物質は生まれない**とする熱力学第二法則に反している、

④星や銀河の誕生についての説明が**エントロピーの法則**（構造あるものは無秩序へ向かう）に反している、

⑤この理論の冒頭に組み込まれているインフレーション理論は、**物理学が許容しない「超光速」を前提としている**、

⑥宇宙の距離と膨張速度の目安である赤方偏移（89ページ参照）や宇宙背景放射の解釈がご都合主義的である、

⑦この理論は「異種星」の存在を予言するが、それらは発見されていない（異種星＝クォークでできたクォーク星、ストレンジ物質でできたストレンジ星、プレオンでできたプレオン星など）。

ところで、当然ながらビッグバン理論の支持者はこれらの問題に反論してもいる。たとえば③については、〝無〟

には莫大な真空のエネルギーが潜在し、宇宙膨張によってそれが通常のエネルギーに変わると説明している。また⑤の超光速の問題に対しては、「宇宙誕生の瞬間（インフレーション）には光速の問題は存在せず、アインシュタインの物理学は適応されない」などの反論がある。それらは説得力のあるものも無理押し的なものもある。

表1 ビッグバン代替理論の候補

①ビッグバウンス理論

宇宙は**膨張と収縮**をくり返しているとする理論。いまの宇宙はその前の宇宙が崩壊した結果である（周期的ビッグバン理論）、宇宙は無限の過去から膨張と収縮を繰り返している（アインシュタインが初期に提案したサイクリック宇宙論や振動宇宙論）などと共通した見方（くわしくは120ページ参照）。

②エキピロティック宇宙論

ビッグバンで生み出されたエネルギーは、われわれの知っている4次元時空ではなく、重力をも含む高次元時空に存在する3次元の**ブレーンワールド（膜宇宙）どうしの衝突**の結果だとするモデル。場の理論や素粒子理論の研究から生まれた最新理論。この宇宙論では、宇宙の進化が進むとしだいにビッグバン理論と重なる。エキピロティックはギリシア語でビッグファイア（大火）の意。

③プラズマ宇宙論

ビッグバン理論は重力のみによって進化する宇宙を論じているが、プラズマ宇宙論は宇宙の**全バリオン物質の99.9％を占めるプラズマ**（イオン化ガス）の電磁気力による宇宙進化を論じている。電磁気力と重力の相互作用によって宇宙の壮大な進化を説明できるとしている。提唱者はスウェーデンのハンス・アルヴェーン。

④定常宇宙論

宇宙は永遠の過去から同じ密度を保っていたとする理論で、ビッグバン理論と同時代に登場した。宇宙はその膨張速度に合わせて**無から新たな質量**を生み出しており、観測される宇宙密度は変化しないとしている。提唱者はイギリスのフレッド・ホイルら。ちなみに“ビッグバン理論”という呼称の生みの親はフレッド・ホイル。

作成／矢沢サイエンスオフィス

ビッグバン理論のこうした弱点を克服するために、**いくつかの代替理論**も提案されている。どれもビッグバン理論のように広く受け入れられてはいないが、宇宙を考えるときには誰でも頭の片隅に収めておくのがよさそうではある（**表1**参照）。

これらの代替理論は大きく見ると、宇宙は誕生と消滅をくり返している、または宇宙は永遠の過去から存在したとする見方であり、どれも**特異点を必要としない**。今後の研究の進展によっては、これらの代替理論がビッグバン理論にとって代わる可能性もなくはない。

ビッグバン理論は、宇宙の始まりのきっかけについても、宇宙以前の宇宙の存在についても無言である。また証拠とされるものも決定的とは言い難い。宇宙の誕生と進化が人間にとって大事件だとするなら、これはいまも未解決の〝コールドケース〟のままである。●

◆追補◆ 宇宙の謎と不可解な問題

1 時間はなぜ過去へ流れないのか？

時間ははるかな過去から流れてきて現在に至り、現在から未来へ、そして永劫の未来へと流れていく――とわれわれは思っている。誰も疑う人はいない。時間が過去へ流れたかのように思えるのはせいぜい、過去を懐かしんで過去を夢に見るときくらいだ。

だがなぜ時間は過去から未来へと一方的にしか流れないのか？　現在の物理学、たとえば重力理論や量子力学では、**時間は過去も未来も〝対称〟である**。つまりどんな出来事も、時間が過去に流れようが未来へ流れようが同じように成立する。これらの物理法則は時間の流れる方向など（ほとんど）問題にしていない。

ただし唯一の例外がある。それは「**熱力学第2法則**」だ。この法則のもとでは、この世の一切合切は時間とともに**秩序のある状態から無秩序状態へ**とたえず移り変わっており、決して逆戻り、つまり**時間を逆行することはできない**。

たとえばコーヒーにミルクを注いだら最後、コーヒーとミルクはたちまち混じり合い、決してもとのコーヒーとミルクに分離することはできない。また手の込んだ料理を食べてそれが胃の中で胃液によって半分消化したなら、それを外に取り出してもとの料理に戻すことはできない。これも熱力学第2法則のなせる業である。2つ以上の物が混じったり分解したりすることは、もとの秩序が崩れて無秩序へと向かい、すべてが均一になることだからだ。この法則が、時間が過去に戻れないことの具体的な証拠となっている。

熱力学第2法則は「不可逆過程」、つまりある変化を経た出来事は決してもとには戻れないというもの

図1⬅宇宙の構造もいずれは崩壊し、ばらばらになる運命…？　写真／NASA/ESA/Hubble Heritage Team

だ。さきほどのコーヒーとミルクや胃の中に入った食べ物の話は日常的な事例だが、そこでは、気体や液体が混じり合う、熱が高温の物体から低温の物体に移動したり拡散するなどの純粋な現象が含まれている。

人間社会も同じだ。共産主義や社会主義の社会〝秩序〟を人工的に構築しても、外部から強制力を加え続けなければ時間とともに〝無秩序〟な社会へと変質ないし崩壊していく。それは近世の歴史が例外なく例証している。

宇宙も同じである。ビッグバンで生まれる瞬間の宇宙は、何もノイズのない純粋な無秩序状態であった。だが爆発後に膨張するにつれてさまざまな元素が生まれ、それらから星が誕生し、銀河が生まれた。われわれはこの過程を〝宇宙の進化〟と呼ぶものの、それは重力によって宇宙に構造、つまり秩序が生じることでもある。この秩序は何百億年、何千億年も保たれるであろう。

だが究極的には、宇宙は収縮して1点に戻るか、またはある最新理論が予言するように、膨張の果てに銀河がほどけてばらばらの星となり、星が崩壊して元素へと分解し、元素が純粋なエネルギーに戻るかもしれない。いずれにしてもすべての秩序は失われ、エネルギーのみの宇宙となり、時間そのものが消滅する。

時間が逆行しない理由は結論的にはこうであろう――ビッグバンがはじめの完全な無秩序を自ら破壊して秩序への扉を開き、秩序が究極に達したときふたたび無秩序へと回帰する。つまり時間は宇宙誕生とともに流れはじめ、**宇宙の終焉とともに（逆行ではなく）消滅する**のだ。

2 宇宙の「物理定数」は定数ではない？

「**定数**」って何？　多くの社会人はそのように反応する。他方、理系の学生や研究者なら「定数は定数に決まっている」とにべもない。

それは**どんな条件下でも普遍的に定まっているある特性を示す〝固有の数値〟**だという。どちらも単純明快ではある。

定数にも「**物理定数**」「数学定数」などいろいろある。数学定数はゼロや円周率、平方根など文字通り数字的性質の定数で、人間が自然界で発見した定数なので変わりようがない。ゼロは見方によっ

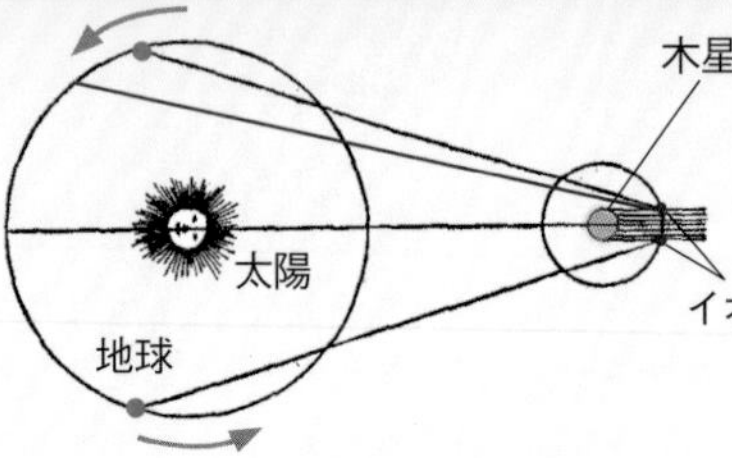

図2➡地球がイオに近い地点では光の移動距離が短くなる。そのため、地球の公転軌道の位置によって食の観測時間は変わり、そこから光速が逆算できる。

ては0・00001だなどということはない。しかしここで注目する物理定数は本書のテーマである宇宙・天文学の骨格をなしているにもかかわらず、どれも真に定数かどうか疑わしい。

　誰もが知っている物理定数は真空中における光の速さ、つまり「**光速**」であろう。次になじみ深い定数は「**重力定数**」かもしれない。これは重力のパイオニア、アイザック・ニュートンが先駆けたことから「万有引力定数」「ニュートンの重力定数」などともいう。

　これらの物理定数が真に定数とは呼び難いのは、すべての**物理定数は人間が何らかの〝ものさし〟を使って測定した結果**だからだ。人間が測ったのでは、どんなに精巧なものさしを使ったところで微動だにしない測定値を得られるわけがない。その上、定数の意味合いが歴史的に徐々に変化してきたものもある。こうなると定数と呼ぶこと自体が妥当ではない。

　たとえば世界ではじめて光の速さを測定したのは1676年、オランダのオーレ・レーマーという天文学者。彼は、木星の衛星イオが〝食〟になったとき、すなわち木星の影に隠れてから再度現れるまでの時間をくり返し測定し、光の速度をはじき出した（**図2**）。その後、機器や測定法が改善され、いまでは「秒速29万9792・458km（約30万km）」ということになっている。この値も、将来よりすぐれた測定法が登場すれば修正されることになる。

　もっと本質的な問題もある。真空中の光速という前提が**宇宙のいつでもどこでも完全に同一、つまり普遍的とは言い切れない**ことだ。宇宙誕生の直後やはるかかなたの宇宙のどこかでは、真空の性質はわれわれの考える地球周辺宇宙の真空とは異なるかもしれない。実際、宇宙の膨張速度を示す「ハッブル定数」は誕生直後と現在では異なるとみられており、宇宙の真空の性質も変化した可能性がある。光速が普遍的でないなら、それはもはや物理定数ではない。

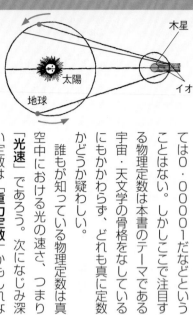

　では、いまひとつの有名な定数である「重力定数（万有引力定数）」はどうかといえば、各国の物理学者が実験で得た数値はばらつきが広がる一方だ。

　ニュートンが生み出した重力の定義にもとづけば、重力定数Gは理論的には2つの物体の質量とその間の距離から求められるはずである。だがニュートンは物質の質量が1点に集中した状態を仮定していた。しかしそんなものは現実の宇宙にはありえず、物体の質量分布を考えながら複雑な計算に挑まねばならない。そのためニュートンから3世紀を経たいまでも、この測定値は概略にしかならない。科学界の最新の知見では、重力定数は6・67384±0・0008×10のマイナス11乗ナンダラカダラとなっているらしい。

単位を標準化するための国際度量衡局（BIPM）の局長を務めたテリー・クインは重力定数について、「物理学の基本的定数で測定値がこれほどばらついている例はほかにない」と述べている。誰が報告した重力定数の数値も信用がおけないのだ。「科学者のみなさん、どうします?」である。

物理定数はほかにもいろいろある。「プランク定数」「アボガドロ定数」「湯川結合定数」「原子質量定数」等々、一般社会とはほとんど無縁のものだ。

少なくともわれわれの宇宙観や宇宙像をつくっている2つの定数である**光速と重力定数が厳密さを欠いている**ことを知ることは重要である。これらの定数が定数ではなく明日はまた変わるというなら、われわれの宇宙観もまたちょくちょく手直しを要することになる。

3 なぜ「正物質」は「反物質」より多いのか？

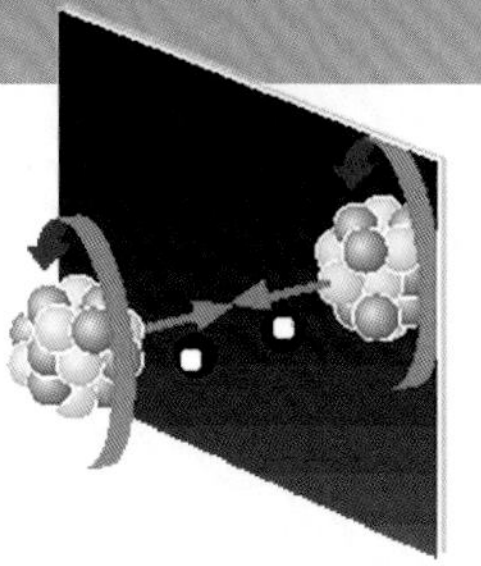

図3➡正粒子と反粒子は鏡に映したような存在？
図／LBLN

地球や太陽は〝物質〟であり、われわれの体もまた〝物質〟でできている。しかしこれは奇妙なことでもある。物質には「**正物質**」と「**反物質**」があるが、宇宙を見わたすかぎり存在するのはほぼ正物質だからだ。

物質を細かく分解していけば、ついにはそれ以上小さくできない「**素粒子**」にたどり着く。電子やクォーク、光子なども素粒子だ。これらには正物質をつくる正粒子と反物質をつくる反粒子がある。たとえば電子は正粒子で陽電子は反粒子だが、両者は質量も同じでスピン（自転のような性質）も同じ。素粒子の理論では反粒子は〝**時間をさかのぼる正粒子**〟で、電荷以外には正粒子と見分けがつかない（**図3**）。

正粒子と反粒子はつねにペアで生まれるので（対生成）、**宇宙誕生時には両者の数は同数だったはず**だ。とすれば、いま物質は存在しないはずである。正粒子と反粒子が衝突すると高エネルギーの光を放出してともに消滅するためだ。だがこの宇宙には物質が存在する。なぜなのか？

その答は「**対称性の破れ**」にあるという。つまり、宇宙に存在するあらゆる事象は時間や空間に対して完全に対称ではなく、正粒子と反粒子も〝鏡に映したように完全に対称〟ではない。そのため誕生直後の宇宙には正粒子が〝10億分の1〟だけ反粒子より多く存在し、このわずかな違いが決定的となって正粒子だけが宇宙に残った——

これは巨大な粒子加速器の実験でも裏付けられている。ある種の粒子（2つのクォークが結合した中間子《ちゅうかんし》）では、正粒子と反粒子が毎秒数百万回という猛スピードで入れ替わる現象が観測される。この過程では正粒子を生み出す方向がわずかに優勢であったという。

とはいえ、何が対称性の破れを引き起こすのかはわかっていない。いま世界各国の巨大粒子加速器が、その原因としくみを探り続けている。

4 天から降り注ぐ「宇宙線」の正体

読者は自分の体をたえず何かが通り抜けていると感じるだろうか？　実際にはいまこの瞬間も、宇宙から飛来する「**宇宙線**」が見えない弾丸のように人体を貫通している。

宇宙空間を光速や亜光速で飛び交い、地球上にも月面にも火星の地上にも降り注いでいる宇宙線の正体は、高エネルギーの陽子や原子核、ガンマ線やX線などの放射線である。これらの宇宙線はどこからやってくるのか？

もっとも疑われやすい太陽の放射線は、実は地球の磁場にさえぎられるため地球大気にはほとんど入ってこない。例外的に太陽の表面爆発（太陽フレア）の際には、地球にも大量の太陽宇宙線が降り注ぐものの、大半は地球磁場によって進路を曲げられて極地に向かう。ガンマ線バーストのように銀河系外からやってくる宇宙線もあるが、それほど数は多くない。

つまり宇宙線の大部分はわれわれの銀河系の内部で発生している。圧倒的に高エネルギーの宇宙線を発生させる天体は「**超新星爆発**」（第1章3）である。天文学者の観測では、銀河系内ではほぼ50年に1つの星が超新星爆発を起こして終末を迎えている。このとき莫大な量のおもに水素とヘリウムの原子核が宇宙空間に放出され、それが宇宙線として宇宙に飛散し、

図4➡宇宙線は大気をつくる原子と衝突して核反応を起こし、新しい粒子を大量に生み出す。
図／矢沢サイエンスオフィス

地球にもやってくる。また**超新星爆発の残骸《ざんがい》**として中性子星（パルサー）やブラックホールのような特異な天体が残り、それらも高エネルギー粒子やガンマ線などを放出しつづける。

　だがこれだけでは謎は解けない。宇宙線のエネルギーはしばしばあまりにも強力だからだ。これまでに観測された最強の宇宙線は、スイスにある世界最大の**粒子加速器LHCが生み出した陽子の200万倍ものエネルギー**をもつことがわかり、ふざけた研究者たちが〝オーマイゴッド・パーティクル（あれまあびっくり粒子）〟と名づけたほどだ。

　ちなみに、地球大気圏に到達した宇宙線の大半は、大気に何度も衝突して無数の粒子（2次宇宙線、3次宇宙線）を飛び散らせる（**図4**）。こうして地表や海上に到達する宇宙線のほとんどはミュー粒子で、**何の抵抗も受けずに人間や動物の体内を通過**する。そのため身体を傷つけることもない。

　旅客機で旅行すると地上の100倍の放射線を浴びることになるが、パイロットやキャビン・アテンダントが放射線障害になったという話は聞かない。ただし地球から飛び出して宇宙空間に出れば、宇宙線は途中で遮られることなく自在に飛び交っている。読者が将来宇宙飛行士になったり月や火星に滞在しようと目論んでいるなら、宇宙線対策をとらねばならない。火星基地に移住するつもりの人（！）はなおさらである。

5 「並行宇宙」は存在するか？

　「並行宇宙」はSFファンにはお馴染みである。これは、われわれの宇宙とは別に存在するかもしれない宇宙のことだ。似たような言葉や概念がいくつもあるが、どれも**「マルチバース（多世界宇宙）」**の概念と同じものだ。1960年代以降このアイディアを用いたSF小説やSF映画がわんさか登場した。現実の人生が辛いので、できるものなら並行宇宙に行きたいという人もいるかもしれない。

　こうした見方の根拠もいくつかあるが（信仰としてのあの世や冥

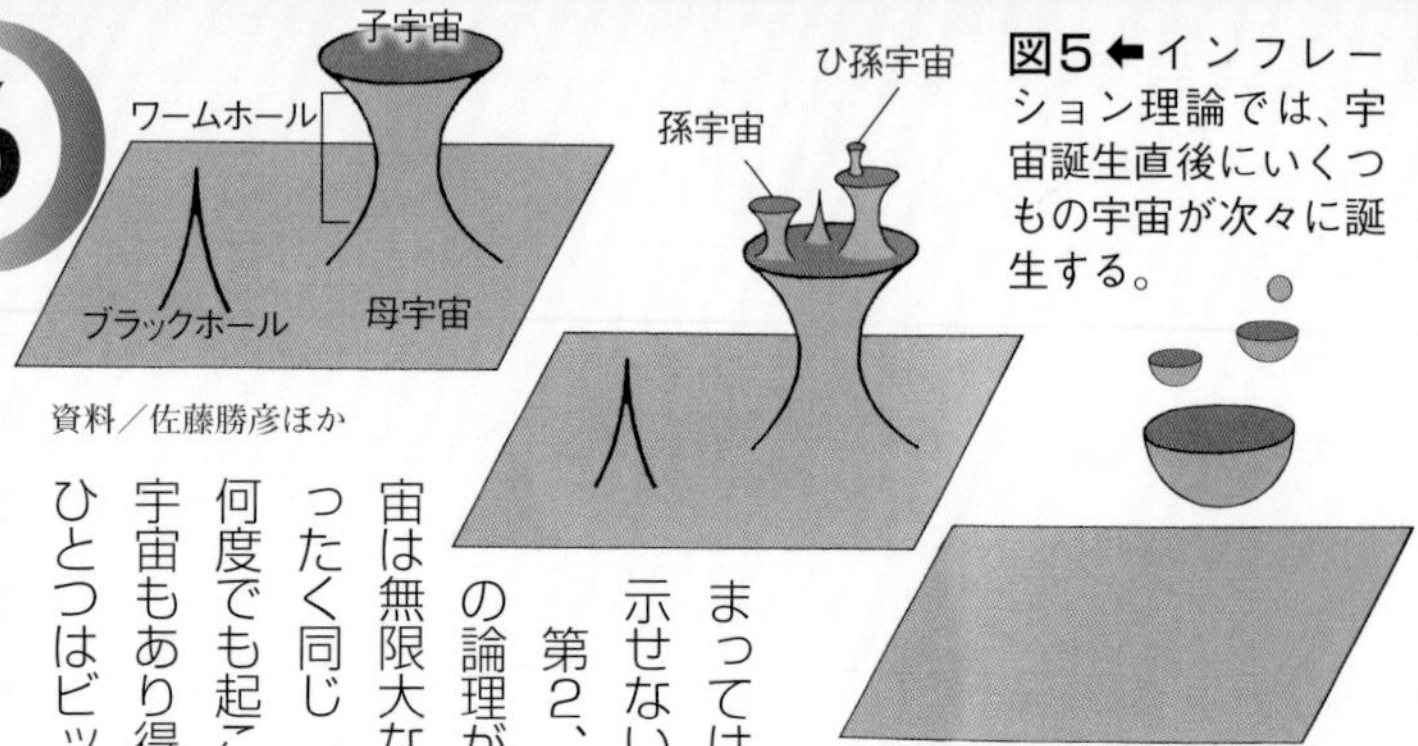

図5⬅インフレーション理論では、宇宙誕生直後にいくつもの宇宙が次々に誕生する。

資料／佐藤勝彦ほか

途や神の国なども）、SFで扱われる並行宇宙や多世界宇宙は**量子力学の確率解釈（コペンハーゲン解釈）**から出発している。

物事の答は1個に定まってはおらず、確率でしか示せないというものだ。

第2、第3の宇宙にも2つの論理がある。ひとつは、宇宙は無限大なので、この宇宙とまったく同じ〝物質粒子の配列〟は何度でも起こり得る。だから他の宇宙もあり得るというもの。いまひとつはビッグバン宇宙が〝火の玉〟として誕生したとき、宇宙のエネルギーは無限大だったので、急速膨張（インフレーション）の際にひとつ以上の（あるいは無数の）宇宙が石鹸のアワのように生まれたというものだ（**図5**）。

こうした根拠をもとに多くの著名な科学者も議論に加わってきた。多世界宇宙は存在の可能性があるとする者もいれば、この種の与太話は相手にしないという現実論者もいる。2010年には、スティーブン・フィーニーというイギリスの物理学者がNASAの宇宙観測データを用いて、「この宇宙ははるかな過去に〝別の宇宙〟と合体したかもしれない」と述べた。だがデータをくわしく調べると、そこに根拠らしいものは見つからなかった。

また先ごろアメリカのあるメディアが、「時間が逆行している空間、つまり並行宇宙をNASAが発見！」という話題を流した。しかしNASAは「そのようなことはない」と否定した。

多世界宇宙の根拠は危うく検証もできない。だがそれは人々に夢や幻想を抱かせ、SFの素材を提供し続けもする。どう受け止めるかは個人の思考の問題ということになる。

6 「超ひも理論」は本当に究極の理論？

宇宙をつくっている根源的な物質は何か？　この質問には多くの人が「素粒子」と答えるのではなかろうか。あらゆる物質は素粒子からできているとされているからだ。

だが「**超ひも理論（超弦理論《ちょうげん》）**」によれば、それらの素粒子はどれも仮の姿にすぎない。**宇宙で唯一の根源的存在は〝ひも（弦、ストリング）〟**であり、そのひもの振動のしかたがさまざまな素粒子として見えるだけだという。

　ひもは太さのない1次元の線で、長さは電子の1000兆分の1のさらに1000分の1。ひもがくっついたり離れたりすると粒子の間に力がはたらいたように見える。

　超ひも理論がときに〝究極の理論〟と呼ばれるのは、この理論では**「重力」が自然に現れる**ためとみられる。現在の物理学では自然界の4つの力のうち重力のみは他の力と〝統一〟されていない。他の3つの力（電磁気力、強い力、弱い力）はみな、量子論を用いて〝力とは粒子の交換なり〟と説明する。ところが重力をこれと同じ手法で扱うと力が無限大になって現実とかけ離れてしまう。

　他方超ひも理論ではひもの振動モードのひとつが重力の性質を示し、他の3つの力もひものふるまいによって表せるため、力の統一が可能になる。しかも超ひも理論は量子論の枠内にあるので、**量子重力理論**の有力候補である。

　だが超ひも理論は極度に数学的で、実際の宇宙との関係がわかりにくい。たとえばひもには10次元の時空が必要だというが、われわれが観測する宇宙は時間と空間を合わせて4次元しかない。超ひも理論によれば残りの6次元は〝まるまって〟おり、われわれには観測できないらしい。

　また超ひも理論には数種類もあり、どれが正しいかわからない。現在ではこれらを統合する11次元の「**M理論**」も登場している。この理論では基本的存在はひもから2次元や5次元の膜に変わる。Mは膜（メンブレーン）、マザー、ミステリーなどいろいろに解釈してもいいらしい。

　超ひも理論の最大の課題は、さしあたり検証が困難なことだ。これまでにこの理論が唯一成功したのは**ブラックホールのエントロピー（乱雑さ）**の計算である。熱力学の法則によれば、この天体のエントロピーは表面積に比例する。ミクロな視点で超ひもの状態の統計をとったところ、導かれたエントロピーがその値と一致したという。

　別の検証の試みも始まっている。この理論が予言する「**超対称粒子**」（**注1**）の探索だ。検証には加速器実験をくり返す必要があり、結果がいつ出るかは不明である。●

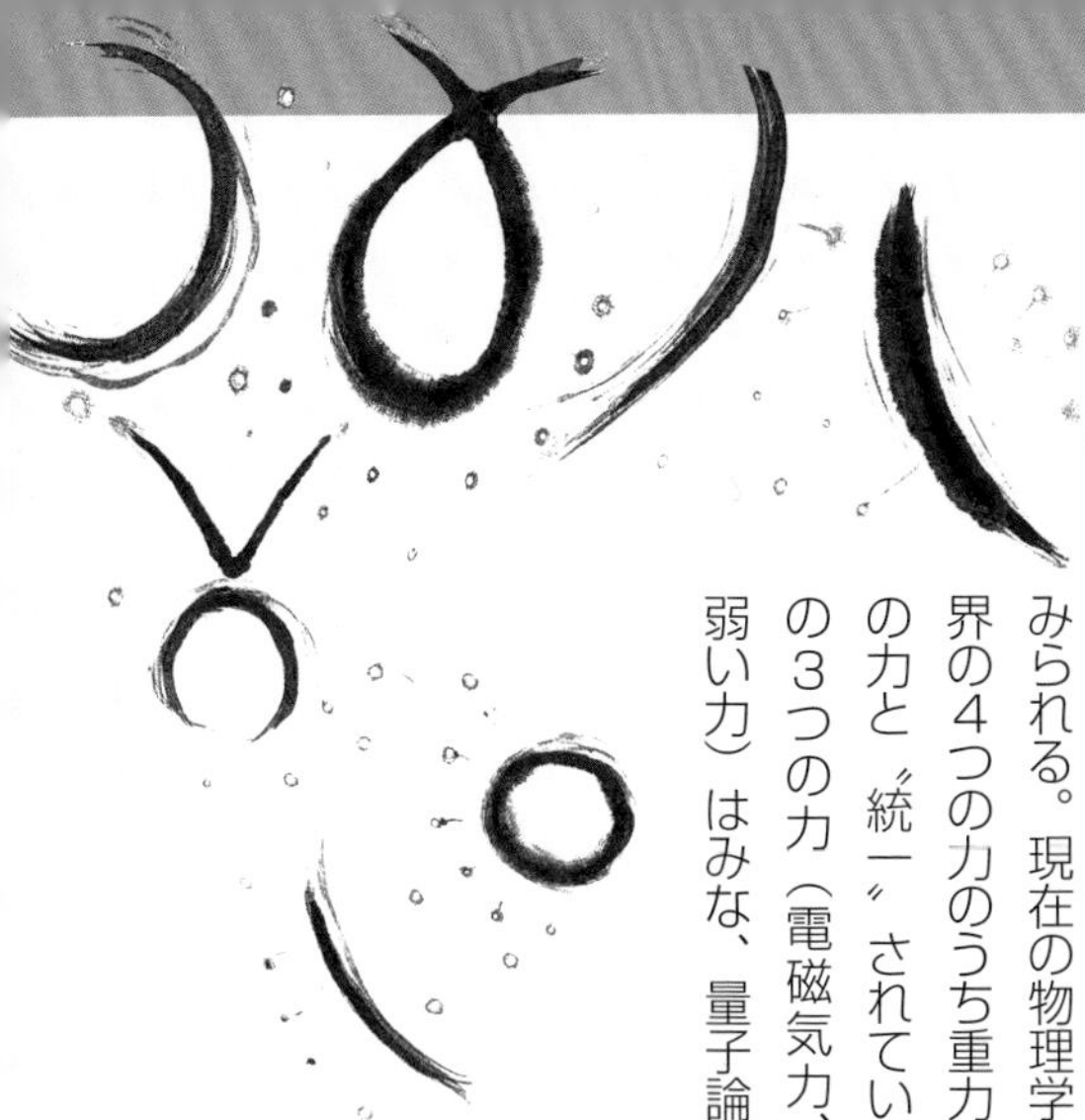

図6⬆超ひも理論では、ひも（弦）の振動のしかたが素粒子として現れるという。

注1／超対称性粒子
素粒子には、スピンが整数のボーズ粒子と、半整数のフェルミ粒子がある。超対称性粒子とは、「素粒子の標準模型」とスピン以外の性質が同じ粒子。ボーズ粒子の超対称性粒子はフェルミ粒子となる。既知の粒子より推定質量が大きい。

◉執筆

新海裕美子 *Yumiko Shinkai*

東北大学大学院理学研究科修了。1990年より矢沢サイエンスオフィス・スタッフ。科学の全分野とりわけ医学関連の調査・執筆・翻訳のほか各記事の科学的誤謬をチェック。共著に『人類が火星に移住する日』、『ヒッグス粒子と素粒子の世界』、『ノーベル賞の科学』（全4巻）、『薬は体に何をするか』『宇宙はどのように誕生・進化したのか』（技術評論社）、『始まりの科学』、『次元とはなにか』（ソフトバンククリエイティブ）、『この一冊でiPS細胞が全部わかる』（青春出版社）、『正しく知る放射能』、『よくわかる再生可能エネルギー』（学研）、『図解 科学の理論と定理と法則』、『図解 数学の世界』、『人体のふしぎ』、『図解 相対性理論と量子論』（ワン・パブリッシング）など。

矢沢 潔 *Kiyoshi Yazawa*

科学雑誌編集長などを経て1982年より科学情報グループ矢沢サイエンスオフィス（㈱矢沢事務所）代表。内外の科学者、科学ジャーナリスト、編集者などをネットワーク化し30数年にわたり自然科学、エネルギー、科学哲学、経済学、医学（人間と動物）などに関する情報執筆活動を続ける。本書に登場するオクスフォード大学の理論物理学者ロジャー・ペンローズ、アポロ計画時のNASA長官トーマス・ペイン、マクロエンジニアリング協会会長のテキサス大学教授ジョージ・コズメツキー、SF作家ロバート・フォワードなどを講演のため日本に招聘したり、「テラフォーミング研究会」を主宰して「テラフォーミングレポート」を発行したことも。編著書100冊あまり。近著に『図解 経済学の世界』（ワン・パブリッシング）がある。

カバーデザイン◉**StudioBlade**（鈴木規之）
本文DTP作成◉**Crazy Arrows**（曽根早苗）
イラスト・図版◉細江道義、高美恵子、十里木トラリ、矢沢サイエンスオフィス

【図解】星と銀河と宇宙のすべて

2022年3月1日　第1刷発行

編 著 者◉矢沢サイエンスオフィス
発 行 人◉松井謙介
編 集 人◉長崎　有
企画編集◉早川聡子

発 行 所◉株式会社 ワン・パブリッシング
〒110-0005 東京都台東区上野3-24-6

印 刷 所◉大日本印刷株式会社

[この本に関する各種お問い合わせ先]
・本の内容については、下記サイトのお問い合わせフォームよりお願いします。
https://one-publishing.co.jp/contact/
・不良品（落丁、乱丁）については Tel 0570-092555
業務センター　〒354-0045 埼玉県入間郡三芳町上富279-1

・在庫・注文については書店専用受注センター　Tel 0570-000346